AF649811

GEPANZERTE RAD- UND SPEZIALFAHRZEUGE DER NVA

Jörg Siegert

Motor
buch
Verlag

Einbandgestaltung: Luis dos Santos

Bildnachweis: 1. Privatarchive und Sammlungen: Jürgen Plate (69), Jörg Siegert (57), Erhart Gerecke (19), Marcus Wilhelm (10), Andreas Hoheisel (8), Andre Junghans (7), Jürgen Schlemm, Uli Braumann (je 6), Wolfgang Weber (5), Bernhard Hildebrandt (4), Klaus Piotrowski, Ulrich Bauknecht, Ralf C. Kunkel (je 3), Wilfried Kopenhagen, Wolfgang Donat, Lutz Gau (je 2), Jürgen Wachholz, Helmut Hanske, Ralf Sommer, L. Töpfe, Vladimir Novoselov, Frank Isemer, Mathias Gluba, Helmut Reschke, Erik Glasstetter (je 1)

2. Öffentliche Institutionen: Bundesarchiv Freiburg (8), Storkower Pioniermuseum in der Kurmarkkaserne (7), KSE-Katalog laut Vertrag über Konventionelle Streitkräfte in Europa 1990 Deutschland (2)

3. Dokumentationen: Katalog »Nachrichtenmittel auf SPW-60PB« 1985 (10), Dienstvorschriften der NVA (5), Werkfoto Brandenburger Traktorenwerk (1), Werkfoto Maschinenfabrik Charkow (1), Werkfoto Tscheljabinsker Traktorenwerk (5)

4. Weiterführende Literatur: Typenkompass DDR Baumaschinen – Ralf Christian Kunkel
Отечественные бронированные Машины Том 1 – Москва 2002
Отечественные бронированные Машины Том 2 – Москва 2005
Энциклопедия Броне-Техники – 2001

ISBN: 978-3-613-04513-2

1. Auflage 2022

Sie finden uns im Internet unter www.motorbuch-verlag.de

Lektorat: Joachim Kuch
Innengestaltung: Gold Rose Publishing Ltd., 70188 Stuttgart
Druck und Bindung: Printed by GPS in Bosnia-Herzegovina

Inhalt

Einführung

Wie im Vorwort des Buches PANZER der NVA, Motorbuchverlag Ausgabejahr 2020, angedeutet:

... Umso mehr Dank gebührt dem Verlag, dass er dem Thema zusätzlichen Raum gewährt. So können hier dem Leser zwei nach den Bereichen »Kettentechnik« und »Radtechnik« getrennte Bände zur Verfügung gestellt werden. ... gibt es einen zweiten Teil zur Panzertechnik der NVA, viel Spaß beim Lesen und Entdecken.
Da es in der NVA mehr Panzertechnik auf Ketten- als auf Radbasis gab, konnte der vorhandene Platz für das interessante und wenig beachtete Thema SPEZIALTECHNIK genutzt werden.
Zur Vereinfachung und besseren Lesbarkeit werden grundsätzlich die Einführungsbezeichnungen der Fahrzeuge benutzt. Die unterschiedlichen Bezeichnungen der einzelnen Bedarfsträger (z.B. Panzerdienst, Pionierwesen, Raketen- und waffentechnischer Dienst) werden so weit wie möglich vernachlässigt.
Die geplante, aber nicht eingeführte Technik, wurde an das jeweilige Ende der einzelnen Kapitel gesetzt. Die Überschriften sind *KURSIV* gesetzt.

Dank

Diesmal möchte ich mein Dankeschön etwas ausführlicher gestalten.
Der erste Dank geht an den Motorbuchverlag, der es ermöglichte, dieser Thematik zwei Bücher zu widmen.
Ich möchte mich ganz herzlich bei all denen bedanken, die mir Bildmaterial zur Verfügung stellten, ohne Forderungen zu stellen. Schnelle und unkomplizierte Hilfe bei Recherchen zum Thema *Baumaschinen* erfuhr ich von Ralf Christian Kunkel und Jürgen Wachholz. Für das sehr spezifische Thema *Kabelverlegung* fand ich Hilfe bei Andreas Hoheisel. Auch bei Andre Junghans und Markus Wilhelm mit denen mich seit vielen Jahren ein intensiver Kontakt verbindet, möchte ich mich bedanken. Kleine aber wertvolle Hilfen, wie die von Bernhardt Hildebrand und Uli Braumann dürfen nicht vergessen werden. Jürgen Plate war Stütze in vielfacher Hinsicht, danke.
Verpflichtet bin ich Jürgen Schlemm, der mit seinem speziellen Fotoarchiv große Lücken schließen half.
Auch Dr. Wolfgang Weber darf nicht vergessen werden, er gewährte mir Einblicke in die Entstehungsgeschichte des GMG 2,5.
Mir fehlen die richtigen Worte, um meiner Ehefrau Doris in angemessener Weise Danke zu sagen für die Hilfe und Unterstützung, für ihre Unnachgiebigkeit bei der Suche nach dem richtigen Ausdruck und für die Tasse Kaffee zum richtigen Zeitpunkt.

Potsdam im Sommer 2022
Jörg Siegert

GEFECHTSFAHRZEUGE

Gefechts-Schützenpanzerwagen

Schützenpanzerwagen-152

(Бронетранспортёр-152 – БТР-152 = gepanzerter Personentransporter-152 – BTR-152)

Im Sprach- und Schriftgebrauch der Sowjetunion wurden diese Gefechtsfahrzeuge als BTR bezeichnet, die NVA verwendete grundsätzlich den Begriff Schützenpanzerwagen – SPW.

Die ersten sowjetischen SPW, der SPW-40 und der SPW-152, basierten auf allradgetriebenen LKW GAZ-63 und ZIS-151. Das ermöglichte den Zugriff auf bereits bestehende Konstruktionen und vereinfachte die Ersatzteilbeschaffung erheblich. Bei der Erstellung der taktischen und technischen Forderungen wurden der amerikanische Panzerspähwagen M3 (Scout) und das Halbkettenfahrzeug M3 (Half Truck) als Pendant genutzt, die während des Zweiten Weltkriegs an die UdSSR aufgrund des Lend-Lease-Vertrages geliefert wurden.

Die SPWs der ersten Generation wurden nach dem Schema Motorraum – Fahrerraum – Kampfraum konstruiert und gefertigt. Diese Konstruktion erschwerte die Handlungen des Fahrers aufgrund der ungünstigen Sichtverhältnisse, erlaubte aber der aufgesessenen Mot-Schützengruppe ein gedecktes Auf- und Absitzen. Erst Ende der 1950er Jahre wurde die Anordnung der einzelnen Räume verändert, der Motor und seine Anlagen wurden in das Heck des SPW verlegt. Damit verbesserte sich die Sicht des Fahrers, die Mot-Schützen mussten über die Bordwände aufsitzen. Fehlende leistungsstarke Motoren ließen geschlossene Fahrzeugwannen nicht zu. Damit kamen als Bewaffnung nur lafettierte 7,62-mm Panzer-MG infrage. Als Panzerung fanden 6 bis 13-mm starke Panzerplatten Verwendung. Der Einsatz einer rahmenlosen Konstruktion verringerte die Höhe und die Gefechtsmasse des SPW, der große Achsabstand erlaubte es den ersten SPW-Modellen nicht, Schützengräben zu überwinden.

Der Beginn der Entwicklungsarbeiten unter der Werksbezeichnung SIS-152 reichte bis ins Jahr 1946 zurück, die Serienproduktion begann 1950 in der *Moskauer Autofabrik Stalin (Московский автозавод имени Сталина)*. Als Basis für den **Schützenpanzerwagen-152** diente der allradgetriebene Dreiachs-LKW ZIS-151. Die Panzerung schützte die Besatzung, die aufgesessenen Schützen und Teile des SPW vor Gewehr- und MG-Feuer sowie vor Granat- und Minensplitter. Als Bewaffnung gehörte strukturmäßig ein 7,62-mm-MG zur Ausrüstung des SPW, das an vier Stellen im Kampfraum aufgebaut werden konnte. Mit dem MG konnte gezieltes Feuer bis auf 1000 m geführt werden. Vereinzelt kam aber auch das 12,7-mm Fla-MG DSchK zum Einsatz. Durch die acht Luken im Kampfraum konnten die aufgesessenen Mot-Schützen das Gefechtsfeld beobachten und das Feuer mit der persönlichen Waffe führen. Die Leistung des 6-

Schützenpanzerwagen-152	
Einführungszeitraum	1953
Gefechtsmasse (t)	8,6
Besatzung	17
Abmessung L/B/H (mm)	6550 x 2320 x 2000
Basis	ZIS-151
Bodenfreiheit	285
Panzer-MG	SGM 7,62
Kampfsatz Hauptbewaffnung	1250
Watfähigkeit (m)	0,8
Fahrbereich Str./Gel.(km)	600 / 375
Höchstgeschwindigkeit (km/h)	75
Steigfähigkeit (Grad)	30
Bezeichnung Motor	SIS-123
Typ Motor	4-Takt-Otto / R-6
Leistung (PS/kW)	110 / 81
Hubraum (l)	5,55
Kraftstoffvorrat gesamt (l)	300
Kühlung	Wasser / Lüfter
Federung	Blattfedern

Der SPW-152, als Bewaffnung wurde das lafettierte 12,7-mm Fla-MG DSchK aufgesetzt.

Der SPW-152W1 (U), ein modernisierter SPW-152, zu erkennen an der fehlenden Seilwinde hinter der Stoßstange.

Zylinder-Viertakt-Vergasermotors SIS-123 wurde auf 110 PS erhöht. Zum Kraftstoffsystem gehörten zwei Benzintanks mit je 150 l, die sich im Kampfraum hinter den Seitentüren befanden. Damit legte der SPW-152 auf befestigten Straßen eine Strecke von ca. 600 km zurück. Das Drehmoment wurde vom Motor über eine Zweischeiben-Trockenkupplung zum 5-Gang-Wechselgetriebe (ein Rückwärtsgang) und über das zweistufige Verteilergetriebe mit Hilfe von Gelenkwellen zu den drei Achsen übertragen. Als Federung kamen jeweils zwei halbelliptische Längsblattfedern zum Einsatz, die Vorderachse verfügte zusätzlich über zwei hydraulische Stoßdämpfer. Die druckluftbetriebene Fußbremse wirkte auf alle sechs Räder, als Handbremse fungierte eine Getriebebremse. Als Funkgerät kam das Panzerfunkgerät 10RT-12 zum Einsatz.

Von September bis November 1953 wurden die sogenannten C-Einheiten der KVP mit 268 SPW-152 zur Stärkung der Einsatzbereitschaft ausgerüstet. Dieser Fahrzeugbestand wurde 1956 mit in die NVA übernommen.

Um den Gefechtswert zu erhöhen, wurden von 1960 bis 1965 sämtliche SPW-152 u.a. mit großvolumiger Niederdruckbereifung, mit innenliegender Reifendruck-Regelanlage, mit dem Panzerfunkgerät R-113 und der Spurbahnbrücke nachgerüstet. Die als **SPW-152W1 (U)** bezeichneten Fahrzeuge besaßen im Vergleich zum SPW-152W1 allerdings keine Heizung für die Windschutzscheibe und den Mannschaftsräumen sowie keine Seilwinde und keine Vorwärmanlage.

Während der Produktion wurde der SPW-152 ständig modernisiert. Ab 1955 fand der mittlere LKW ZIL-157 als Basis Verwendung. Bis Ende 1958 erfolgte die Pro-

Schützenpanzerwagen-152W	
Einführungszeitraum	1957 - 1958
Gefechtsmasse (t)	8,6
Besatzung	17
Abmessung L/B/H (mm)	6700 x 2350 x 2000
Bodenfreiheit	300
Panzer-MG	SGM 7,62
Kampfsatz Hauptbewaffnung	1250
Watfähigkeit (m)	0,8
Fahrbereich Str./Gel.(km)	600 / 375
Höchstgeschwindigkeit (km/h)	75
Steigfähigkeit (Grad)	30
Bezeichnung Motor	SIS-123
Typ Motor	4-Takt-Otto / R-6
Leistung (PS/kW)	110 / 81
Hubraum (l)	5,55
Kraftstoffvorrat gesamt (l)	300
Kühlung	Wasser / Lüfter
Federung	Blattfedern

duktion im 1956 umbenannten *Moskauer Werk Lichatschow – ZIL (Завод имени Лихачёва)*. Von 1959 bis 1962 wurde der SPW im Automobilwerk Bryansk gefertigt.

Der **Schützenpanzerwagen-152W** erhielt großvolumige Niederdruckreifen und eine außenliegende Reifendruck-Regelanlage, mit deren Hilfe der Reifendruck während der Fahrt den Geländebedingungen angepasst und kleinere Beschädigungen einzelner Reifen ausgeglichen werden konnten. Weiterhin kamen eine Vorwärmanlage, ein Nachtsichtgerät für den Fahrer und eine in der vorderen Stoßstange eingebaute Seilwinde zum Einsatz. Die Seilwinde diente dem Selbstherausziehen oder Bergen festgefahrener Fahrzeuge, ihr Antrieb erfolgte über ein Dreigang-Zusatzgetriebe, das an der rechten Seite des Wechselgetriebes befestigt war.

1957 und 1958 erhielt die NVA 154 fabrikneue SPW-152W, die in beiden MB zum Einsatz kamen.

1965 erfolgte die Umrüstung von 80 eingeführten SPW-152E mit 14,5-mm Fla-MG SPU-2 auf den Standard des SPW-152W. Damit verfügte die NVA über 234 SPW-152W, die im selben Jahr durch Einbau einer innenliegenden Reifendruck-Regelanlage und einer Spurbahnbrücke sowie durch die Umrüstung auf das Panzerfunkgerät R-113 als SPW-152W1 (U) auf den Ausrüstungsstand des SPW-152W1 gebracht wurden.

Der SPW-152W war an der außen liegenden Reifendruck-Regelanlage zu erkennen.

Der Schützenpanzerwagen-152W1 wurde ab 1959 den Einheiten der NVA zugeführt. Die außen liegende Reifendruck-Regelanlage fiel weg, sie war nun in die Radnabe integriert und somit weniger störanfällig. Veränderungen am Motor und seinen Anlagen (z.B. Motorschmierung, Lüftung, Kühlung), am Fahrwerk und an der elektrischen Ausrüstung verbesserten die Nutzungseigenschaften. Der SPW erhielt eine modernere Funkausrüstung, eine Anhängerkupplung und eine aus zwei Spurbahnen bestehende Spurbahnbrücke. Durch das Aneinanderreihen mehrerer, 3000 mm langer, Brücken konnten größere, schwer passierbare Strecken überwunden werden. Weiterhin gestatteten die Spurbahnbrücken das Mitführen von 2 x 40 l Flüssigkeiten, die zur Ergänzung des Kühlwassers bzw. zur Entaktivierung verwendet werden konnten. Durch zwei zusätzliche 20 l Benzinkanister am Heck erhöhte sich der Kraftstoffvorrat und damit der Fahrbereich. Eine Heizung für den Fahrer- und den Mannschaftsraum sowie für die Windschutzscheiben und eine Vorwärmanlage für den Motor ergänzten die Ausrüstung des SPW-152W1. Von 1959 bis 1962 erhielten die MSD 680 SPW-152W1.

1989 befanden sich laut Chronik des Panzerdienstes 746 SPW-152W1 / SPW-152W1 (U) in den Einheiten der

Schützenpanzerwagen-152W1	
Einführungszeitraum	1959 - 1962
Gefechtsmasse (t)	8,95
Besatzung	18
Abmessung L/B/H (mm)	6830 x 2320 x 2050
Bodenfreiheit	300
Panzer-MG	SGMB 7,62
Kampfsatz Hauptbewaffnung	1250
Watfähigkeit (m)	0,8
Fahrbereich Str./Gel.(km)	700 / 425
Höchstgeschwindigkeit (km/h)	75
Steigfähigkeit (Grad)	30
Bezeichnung Motor	ZIL-123W
Typ Motor	4-Takt-Otto / R-6
Leistung (PS/kW)	110 / 81
Hubraum (l)	5,55
Kraftstoffvorrat gesamt (l)	340
Kühlung	Wasser / Lüfter
Federung	Blattfedern

Beim SPW-152W1 wurde die Reifendruck-Regelanlage in die Radnaben integriert und zwei Spurbahnen, jeweils rechts und links, an der Fahrzeugwanne befestigt. Der Kampfraum wurde mit Hilfe einer Plane vor Niederschlägen geschützt.

NVA, die durch die Bundeswehr übernommen und in den 1990er Jahren verschrottet wurden.

Die ab 1959 produzierte Version des SPW-152 mit komplett geschlossenem Kampfraum trug die Bezeichnung **Schützenpanzerwagen-152K**, 1961 erhielt die NVA eine einmalige Lieferung von 63 Fahrzeugen. Die Sitzplätze verringerten sich und die Fahrzeughöhe nahm um 300 mm zu. Der Mannschaftsraum wurde von oben mit drei Lukendeckeln verschlossen, zur Abwehr von Luftangriffen waren zwei weitere Nahkampfluken für die persönlichen Waffen in die Decke eingelassen. Damit wurde ein wesentlicher Schwachpunkt des SPW, der oben offene Kampfraum und die daraus resultierende Gefahr für die Bekämpfung der untergebrachten Mot-Schützen durch Handgranaten oder Brandflaschen, beseitigt. Weiterhin wurden zwei Deckenleuchten eingebaut und eine Belüftung versorgte den Kampfraum mit Frischluft. Auch diese Version war mit zwei zusätzlichen Kraftstoffkanistern und der Spurbahnbrücke ausgerüstet.

Eine interessante Weiterverwendung des SPW-152W1 war der 1988 als Neurerobjekt an der Offiziershochschule der Landstreitkräfte »Ernst Thälmann« entwickelte **Bewegliche Ausbildungspunkt auf Basis SPW-152W1**. Umgerüstet in der Panzerwerkstatt-2 Großenhain, konnten sechs Offiziersschüler der Fachrichtung *Mot-Schützen-Kommandeure* mit diesem Fahrzeug reale Bedingungen für die Ausbildung im Gelände vorfinden. Die Arbeitsplätze wurden im SPW in drei Stufen mit je zwei Arbeitsplätzen angelegt, sodass sich jeder Auszubildende wie in einem Gefechtsfahrzeug fühlen konnte. Es ist bei diesem einen Exemplar geblieben. Heute steht es im Militärhistorischem Museum der Bundeswehr in Dresden.

Schützenpanzerwagen-152K	
Einführungszeitraum	1961
Gefechtsmasse (t)	8,95
Besatzung	15
Abmessung L/B/H (mm)	6830 x 2320 x 2350
Bodenfreiheit	300
Panzer-MG	SGMB 7,62
Kampfsatz Hauptbewaffnung	1250
Watfähigkeit (m)	0,8
Fahrbereich Str./Gel.(km)	700 / 425
Höchstgeschwindigkeit (km/h)	65
Steigfähigkeit (Grad)	30
Bezeichnung Motor	ZIL-123W
Typ Motor	4-Takt-Otto / R-6
Leistung (PS/kW)	110 / 81
Hubraum (l)	5,55
Kraftstoffvorrat gesamt (l)	340
Kühlung	Wasser / Lüfter
Federung	Blattfedern

Beim SPW-152K wurde der Kampfraum geschlossen und mit Hilfe eines Lüfters mit Frischluft versorgt. Eine Reifendruck-Regelanlage, eine Seilwinde am Bug und die seitlich befestigten Spurbahnen gehörten standardmäßig zur Ausrüstung.

Neben der Verwendung als Kampfmittel der Mot-Schützen ergaben sich nach Einführung modernerer SPW eine Reihe von Verwendungsmöglichkeiten, z.B.: der Einsatz als Zugmittel für Minenlegegeräte oder für Kanonen, als Basisfahrzeug für Panzerabwehrwaffen, als Führungsstelle oder als Sanitäts-SPW.
Ein Teil der SPW-152W1 und SPW-152K wurden an die Grenztruppen, an die Stadtkommandantur Berlin, das MdI und das MfS sowie an die Kampfgruppen der Arbeiterklasse abgegeben. 1990 verfügte die NVA noch über 745 Fahrzeuge, von denen 135 in Gefechts- und Mob-Einheiten, der Rest als zentrale Reserve eingelagert waren.

Der Bewegliche Ausbildungspunkt auf Basis SPW-152W1 verfügte über 3 x 2 Ausbildungsplätze, die treppenförmig im Gefechtsraum des SPW-152W1 angeordnet waren.

Schützenpanzerwagen-60

(Бронетранспортер-60 – БТР-60 = Gepanzerter Transporter-60 – BTR-60)

Im April 1963 wurde durch die Verwaltung Panzerbewaffnung das vorläufige Bestätigungsdokument für die Aufnahme des **Schützenpanzerwagen-60P** in das Verzeichnis der Bewaffnung/Ausrüstung eingereicht. Sein Einsatz sollte in Mot-Schützen- und Pioniereinheiten, in Schulen und Ausbildungseinheiten erfolgen. Neben dem Einsatz als Mannschaftstransport- und Führungsfahrzeug sollte der SPW-60P auch als Zugmittel für die damals gängigen Minenlegegeräte in den Pioniereinheiten eingesetzt werden.

Zur Besatzung zählten 16 Mann (einschließlich Fahrer und Kommandant). Das Gefechtsgewicht war mit ca. 9900 kg, die maximale Geschwindigkeit mit 90 bis 100 km/h und der Fahrbereich mit 500 km angegeben. Der SPW-60P verfügte über ein Funkgerät R-113, ein lafettiertes 7,62-mm Panzer-MG SGMB sowie je ein Nachtsichtgerät TWN-2 und TKN-1. Als Lieferländer sollten die UdSSR bzw. die Rumänische Volksrepublik fungieren. Im Anhang zum vorläufigen Bestätigungsdokument hieß es: *Im Sonderimportplan von 1963 wurden zwei Musterfahrzeuge SPW-60P geplant. Die Aufnahme im Sonderimportplan zur Ausstattung der Truppenteile erfolgt ab 1964. Der SPW-60P ist als Nachfolgetyp für den SPW-152W1 vorgesehen. Der SPW-60P ist ein schwimmfähiges gepanzertes Räderfahrzeug, mit einer hohen Geländegängigkeit. Die durch die Einführung freiwerdenden SPW-152W1 werden für Soll II abgestellt.*

Ein Jahr später sollte der **Schützenpanzerwagen-60P** (S) als Führungsfahrzeug der Stäbe der MSB/PB der MSD zugeführt werden. Die Umrüstung sollte in den Panzerwerkstätten der NVA erfolgen, die Ausrüstung wurde um drei Funkgeräte erweitert, der Personalbestand auf fünf Mann reduziert. Der Gesamtbedarf wurde mit 60 Fahrzeugen angegeben.

Da bereits Anfang der 1960er Jahre klar war, dass die SU nicht in der Lage sein würde, die eigene und die Armeen der Warschauer Vertragsstaaten mit Gefechts- und Aufklärungs-SPW auszustatten, vergab sie Lizenzen an die VR Polen, die CSSR, die SR Rumänien und die Ungarische Volksrepublik. Daraufhin wurden als Pendant zum SPW-60 der SPW SKOT, zum SPW-50PK der SPW TOPAS und zum SPW-40P2 der SPW FUG entwickelt und produziert.

Vom Oberkommando der Vereinten Streitkräfte wurde die Empfehlung gegeben, die Umrüstung und Ergänzung der Nationalen Volksarmee mit Schützenpanzerwagen vom Typ BTR-60 PB (SPW-60PB) aus der Produktion der SR Rumänien bzw. der VR Polen und mit Schützenpanzerwagen vom Typ BRDM-2 (SPW-40P2) aus der Ungarischen Volksrepublik vorzunehmen. In der Chronik des MB III war zu diesem Problem folgendes vermerkt: *Die ursprüngliche Planung sah die Einfuhr des SPW-60P aus Rumänien vor, nachdem dort die Serienproduktion aufgenommen worden war. Es stellte sich aber heraus, daß der Lizenzbau mit bedeutenden Veränderungen an der Kraftubertragungsanlage erfolgen sollte, so daß das Vereinte Oberkommando diesen SPW nicht bestätigte. Damit war für die NVA die Zuführung eines solchen Fahrzeuges unmöglich geworden. 1963 wurde die Möglichkeit geprüft, den Bedarf der mot. Schützenverbände in der NVA aus der polnisch-tschechoslowakischen »Skot«-Produktion (einem bestätigten Lizenzbau des SPW-60P) zu decken (SKOT – Střední Kolový Obrněný Transportér = SKOT – mittlerer gepanzerter Radtransporter).*

Die DDR unternahm daraufhin Anstrengungen mit mäßigem Erfolg, SPW-Lieferungen für die NVA auszuhandeln. Lediglich zwei SPW FUG aus der Ungarischen VR konnten 1963 für Erprobungszwecke beschafft werden. 1964 führten die UdSSR und die DDR auf höchster staatlicher Ebene Konsultationen zu Liefermöglichkeiten von Schützenpanzerwagen für die NVA. Im Ergebnis dieser Verhandlungen sicherte N. Chruschtschow im Juni 1964 in einem Brief an W. Ulbricht folgendes zu:

Die Sowjetregierung hat beschlossen, der DDR in den Jahren 1966-1970 700 Panzerschützenwagen Typ BTR-60 und 500 Panzeraufklärung- und -Patrouillenwagen Typ BRDM-2 zu liefern. In der Begründung hieß es: *Da die Nationale Volksarmee gemeinsam mit den Verbänden der Sowjetarmee in der 1. strategischen Staffel operieren wird, halte ich* (N. Chruschtschow, Anm. des Au-

Die Alternativen zum SPW-152, entweder der SPW-60P (linkes Bild) oder der SPW SKOT.

tors) *es für zweckmäßig, wegen der gemeinsamen Ausstattung und der damit verbundenen Ersatzteilversorgung die SPW-Typen BTR-60 PB und BRDM-2 aus der Produktion der Sowjetunion in die Nationale Volksarmee einzuführen.*

Ende 1964 erhielt die NVA die ersten zwei, als Sonderimport geplanten, **Schützenpanzerwagen-60PA-1**, die fabrikneu aus der UdSSR geliefert wurden. Beide SPW-60PA-1 wurden jeweils an die Offiziersschule der LaSK und an die Militärakademie übergeben.

1966 erhielt die NVA eine einmalige Lieferung von 260 fabrikneuen SPW-60PA-1, die in der 8. MSD (250 Stück) und in Ausbildungseinrichtungen (10 Stück) eingesetzt wurden.

Gegenüber seinem Vorgänger, dem SPW-152, zeichnete sich das neue Gefechtsfahrzeug der Mot-Schützen durch einige interessante technische Lösungen aus. Die Überschreitfähigkeit konnte durch die vier Achsen auf 2000 mm verbessert werden. Die zwei Motoren mit separaten Kraftübertragungen sorgten für eine gute Geländegängigkeit. Das Fahrzeug war schwimmfähig, über einen Nebenantrieb wurde das reaktive Wasserstrahl-Triebwerk angetrieben und ließ den SPW mit bis zu 10 km/h Wasserhindernisse überwinden. Gelenkt wurde das Fahrzeug mit der ersten und zweiten Achse. Die Wanne war geschlossen, drei Halterungen machten den Aufbau des lafettierten Panzer-MG möglich. Der SPW verfügte zusätzlich über eine Seilwinde, für Fahrer und Kommandant gehörten Infrarot-Nachtsichtgeräte zur Ausrüstung. Nachteilig für die Besatzung war, dass das Fahrzeug nur über das Wannendach betreten und verlassen werden konnte. 1967 mussten die Planungen für die Ausrüstung der 8. MSD korrigiert werden. Dazu hieß es

Schützenpanzerwagen-60PA-1	
Einführungszeitraum	1966
Gefechtsmasse (t)	10,2
Besatzung	12
Abmessung L/B/H (mm)	7220 x 2825 x 2080
Bodenfreiheit	457
Radstand (mm)	4240
Spurweite (mm	2370
Panzer-MG	SGMB 7,62
Kampfsatz Hauptbewaffnung	1250
Watfähigkeit (m)	schwimmfähig
Fahrbereich Str./Gel.(km)	500 / 370
Höchstgeschwindigkeit (km/h)	80
Steigfähigkeit (Grad)	30
Bezeichnung Motor	2 x GAZ-49
Typ Motor	4-Takt-Otto / R-6
Leistung (PS/kW)	90 / 66
Hubraum (l)	3,48
Kraftstoffvorrat gesamt (l)	380
Kühlung	Wasser / Lüfter
Federung	Drehstab

Der SPW-60PA-1, am Wannenbug der abgeklappte Wellenabweiser für die Wasserfahrt, darüber der Zugang zur Seilwinde. Auf dem geschlossenen Fahrzeugdach waren drei Halterungen für das lafettierte 7,62-mm Panzer-MG SGMB integriert.

in den Planungsunterlagen des Chefs Verwaltung Panzerbewaffnung: *Bei der bisherigen Verteilung wurde davon ausgegangen, die 8. MSD zu 100 % zum Soll II mit SPW-60 PA/PB auszustatten. Durch den Heckantrieb des SPW ist es nicht möglich, daß in der NVA vorhandene Minenlegegerät mit diesem SPW einzusetzen. Entsprechend einer Mitteilung des Chefs Pionierwesen gibt es für diesen Typ auch im Lieferland kein Minenlegegerät. Aus diesem Grund ist es erforderlich, für die Pioniereinheiten der 8. MSD den SPW-152W1 zu belassen und dafür 12 SPW-60 PA abzuziehen.*

Mit der einmaligen Lieferung des SPW-60PA-1 im Jahre 1966 erhielt die NVA auch 10 **Führungsfahrzeuge SPW-60PA-1** (S). Sie kamen als Führungsfahrzeug des Stabschefs in den Panzer- und Mot-Schützenbataillonen der PR und MSR der 8. MSD zum Einsatz. Das Führungsfahrzeug erhielt fünf weitere Funkgeräte, einen klappbaren Arbeitstisch und Kisten für Arbeitsgeräte im hinteren Teil des Kampfraumes sowie Strahlungswarn- und zusätzliche Nachtsichtgeräte. Als äußeres Erkennungsmerkmal waren zwei Antennenfüße auf der Abdeckung der Fahrzeugwanne zu nennen. Eine weitere Führungsversion auf Basis des SPW ist die Artillerie-Beobachtungsstelle – **SPW-60PA-1 (ABS)**. Sie wurde in geringer Stückzahl in den Panzerwerkstätten der NVA umgerüstet und kam in den Aufklärungsgruppen des AR-8 zum Einsatz. Auch diese Version verfügte über einen abklappbaren Arbeitstisch, weitere Beobachtungsgeräte und Artilleriehilfsmittel, sechs Arbeitsplätze fanden im Kampfraum Platz.

SPW-60PA-1 (ABS)	
Einführungszeitraum	1966
Gefechtsmasse (t)	10,2
Besatzung	8
Abmessung L/B/H (mm)	7220 x 2814 x 2080
Bodenfreiheit	457
Panzer-MG	SGMB 7,62
Kampfsatz Hauptbewaffnung	1250
Watfähigkeit (m)	schwimmfähig
Fahrbereich Str./Gel.(km)	500 / 370
Höchstgeschwindigkeit (km/h)	80
Steigfähigkeit (Grad)	30
Bezeichnung Motor	2 x GAZ-49
Typ Motor	4-Takt-Otto / R-6
Leistung (PS/kW)	90 / 66
Hubraum (l)	3,48
Kraftstoffvorrat gesamt (l)	380
Kühlung	Wasser / Lüfter
Federung	Drehstab

Der SPW-60PA-1 (S), die zusätzlichen Antennen charakterisierten dieses Führungsfahrzeug. Das Bild stammte aus einem Werbeprospekt der NVA.

Bereits 1967 lieferte die UdSSR die ersten fabrikneuen Schützenpanzerwagen-60PB. Die SPW-60PA-1 blieben bis zur Auflösung der NVA in Soll-II Einheiten.

Während der SPW-60PA-1 nur eine Interimslösung darstellte, sollte der **Schützenpanzerwagen-60PB** für über zehn Jahre das Hauptkampfmittel der Mot-Schützen werden. Er erhielt einen drehbaren Turm mit einem 14,5-mm überschweren MG als Hauptbewaffnung und einem gekoppelten 7,62-mm Panzer-MG. Eine wesentliche, wenn auch kaum beachtete, Neuerung war der Einsatz von Winkelspiegeln. Dazu wurde im Frontbereich der Wanne eine Art Erker mit Einschüben für fünf Winkelspiegel (drei für den Fahrer, zwei für den Kommandanten) und eine Öffnung für das drehbare Beobachtungsgerät TPKU-2B integriert. Somit war ein geschütztes Beobachten des Gefechtsfeldes durch Kommandanten und Fahrer gewährleistet. Der Fahrer- und der Kampfraum waren hermetisch verschließbar, mit einer Filterventilationsanlage wurde im Fahrzeuginneren ein Überdruck erzeugt, der das Eindringen radioaktiv verunreinigter Luft verhinderte.

Im Laufe der Zeit wurden eine Reihe von Verbesserungen an den Systemen des SPW-60PB vorgenommen, was sich zum Beispiel an veränderten Lüfterklappen oder Motorluken niederschlug. Bei den späteren Ausführungen befand sich die Antennenhalterung hinten in Höhe des Motorraumes. Dadurch wurde verhindert, dass beim Schießen mit der Turmbewaffnung die Antennenanlage beschädigt wurde.

Der Erhöhungswinkel der SPW-Bewaffnung von -5° bis +30° stellte einen wesentlichen taktischen Nachteil dar. Damit war ein wirkungsvoller Einsatz gegen tieffliegende Ziele kaum möglich. Entsprechend einer Empfehlung des Technischen Komitees des Vereinten Oberkommandos der Warschauer Vertragsstaaten sollten 1976 und 1977 sämtliche SPW-60PB mit dem in der VR Polen gefertigten Turm KUNA ausgerüstet werden. Der Turm KUNA zeichnete sich durch einen verbesserten Erhöhungswinkel von -4° bis +85° und eine neue Visiereinrichtung aus. In Vorbereitung auf diese Modernisierung wurde 1974 ein SPW-60PB mit dem neuen Turm ausgerüstet. Im Ergebnis dieser Erprobung wurde diese Empfehlung in der Kollegiumsvorlage Nr. 31/74 zustimmend zur Kenntnis genommen. In der Aufgabenstellung des Ministers für Nationale Verteidigung vom 23.09.1974 wurde angewiesen, die erforderlichen Maßnahmen zur Durchführung der Modernisierung sämtlicher SPW-60 PB einzuleiten. Dieses Vorhaben wurde allerdings nicht realisiert.

Für den Gefechtseinsatz erhielten die Stabschefs der Panzer- und Mot-Schützenbataillone das **Führungsfahrzeug SPW-60PB** (S). Ein abklappbarer Arbeitstisch und gepolsterte Sitzflächen und Rückenlehnen erleichterten die Arbeitsbedingungen. Ein zweites UKW-Pan-

Schützenpanzerwagen-60PB	
Einführungszeitraum	1967 - 1983
Gefechtsmasse (t)	10,6
Besatzung	10
Abmessung L/B/H (mm)	7220 x 2814 x 2410
Bodenfreiheit	457
Turm-MG	KPWT 14,5
Panzer-MG	PKT 7,62
Kampfsatz Hauptbewaffnung	500
Watfähigkeit (m)	schwimmfähig
Fahrbereich Str./Gel.(km)	500 / 340
Höchstgeschwindigkeit (km/h)	80
Steigfähigkeit (Grad)	30
Bezeichnung Motor	2 x GAZ-49B
Typ Motor	4-Takt-Otto / R-6
Leistung (PS/kW)	90 / 66
Hubraum (l)	3,48
Kraftstoffvorrat gesamt (l)	380
Kühlung	Wasser / Lüfter
Federung	Drehstab

Einer der ersten SPW-60PB, wichtige Erkennungsmerkmale waren der Turm mit dem 14,5-mm überschweren MG KPWT sowie der Antennenfuß vorn rechts auf dem Wannendach (linkes Bild). Um Beschädigungen der Antennenanlage zu vermeiden, wurde der Antennenfuß in den hinteren Bereich der Wanne verlegt.

zerfunkgerät R-123M mit Antennenweiche, je ein Funkgerät R-107, R-105M und R-126 mit Ersatzakkumulatoren, ein zweiter Antennenfuß auf der Wannenabdeckung und ein klappbarer Halbteleskopmast HTM-10 auf der rechten Wannenseite ergänzten die Ausrüstung.

Zur Gewährleistung der Führung des Einsatzes von Kampfhubschraubern durch den Fliegerleitoffizier (Stellvertreter des Stabschefs) wurde die erforderliche Funkausrüstung an den entsprechenden SPW in den Truppenwerkstätten ab 1987 nachgerüstet, das Fahrzeug erhielt die Bezeichnung SPW-60PB (S-FLO).

Bis 1983 erhielt die NVA laut der *Chronik des Panzerdienstes* 1651 Schützenpanzerwagen-60PB aus der UdSSR. Weitere 467 SPW-60PB wurden als Basisfahrzeuge für Führungsfahrzeuge R-145BM und PU-12 eingeführt. Durch Umrüstungsmaßnahmen wurden einzelne SPW-60PB als Basis für gepanzerte Nachrichten-GS eingesetzt.

Durch die Bundeswehr wurden ca. 1900 SPW-60PB bzw. Führungsfahrzeuge auf Basis des SPW-60PB übernommen.

Das Führungsfahrzeug SPW-60PB (S) war am abklappbaren Antennenmast auf der rechten Fahrzeugseite und an zwei Antennenfüßen zu erkennen.

Die Bundesrepublik Deutschland gab in den 1990er Jahren 300 SPW-60PB an den NATO-Bündnispartner Türkei ab, die im ehemaligen Reparaturwerk Neubrandenburg auf die Übergabe vorbereitet wurden. Die türkischen Empfänger legten u.a. Wert auf ein zusätzliches Reserverad, das auf dem Wannendach transportiert wurde, und zusätzliche Schutzgitter über der Motorraumabdeckung, um die Bekämpfung mit Brandflaschen zu erschweren.

Schützenpanzerwagen-70

Der SPW-70 wurde 1973 auf einer Technikausstellung in der UdSSR als Nachfolgetyp des SPW-60PB vorgestellt und zur Einführung empfohlen. In der NVA wurde der SPW-70 für die Einführung im Fünfjahreszeitraum 1976 bis 1980 mit dem Ziel geplant, die Kampfkraft und Gefechtsbereitschaft der Mot-Schützentruppenteile zu verbessern.
Die Grundkonzeption des Schützenpanzerwagen-70 blieb gegenüber dem Vorgänger erhalten. Genannt seien die im Heck verbauten zwei Motoren mit separaten Kraftübertragungen, die Lenkung der ersten beiden Achsen und ein drehbarer Turm mit zwei MG. Eine wichtige Neuerung war die Seitenluke zwischen der zweiten und dritten Achse, durch die die Mot-Schützen gedeckt auf- oder absitzen konnten. Der SPW-70 war schwimmfähig, allerdings lag der Wellenabweiser auf dem Fahrzeugbug. Die außen liegenden Schalldämpfer erhielten eine doppelte Verkleidung zum Schutz gegen mechanische Zerstörung und zur Verringerung der Wärmeabstrahlung. Geräte zur Kernstrahlungs- und chemischen Aufklärung sowie zur Spezialbehandlung, eine automatische Feuerlöschanlage, die Wasserfahrausrüstung und eine Seilwinde vervollständigten die Ausrüstung.
Die im SPW-70 verbaute Filterventilationsanlage reinigte die angesaugte Luft von radioaktivem Staub sowie von chemischen und biologischen Kampfstoffen und erzeugte im Fahrzeug einen Überdruck. Damit verfügten die Mot-Schützen neben dem SPz BMP-1SP2 über ein zweites Gefechtsfahrzeug mit dem es möglich war, kontaminierte Geländeabschnitte ohne Anlegen der persönlichen Schutzausrüstung zu passieren.
1979 erhielt die NVA für Testzwecke die ersten beiden SPW-70 aus der Sowjetunion. Ab 1980 erfolgte die Einfuhr der SPW aus der SR Rumänien.
Der SPW-70 erfuhr im Laufe der Jahre zahlreiche Verbesserungen, so wurden z.B. ab 1980 ein Rückblickwinkelspiegel in das Turmdach integriert, ab 1982 erfolgte der Einbau von leistungsgesteigerten Motoren mit 120 PS. Eine schmerzvolle Erfahrung aus dem Afghanistankrieg war das Fehlen von Möglichkeiten, aus dem SPW heraus auf höher gelegene Ziele schießen zu können. Deshalb wurden ab 1984 jeweils rechts und links in das Wannendach zwei Nahkampfluken integriert. Um die Heckverkleidung und die dahinter liegenden Tanks bei schnellen Richtungsänderungen zu

Blick auf einen der ersten SPW-70, der in der NVA zum Einsatz kam. Gut zu erkennen der große Abstand zwischen der zweiten und dritten Achse sowie die komplett verkleidete Auspuffanlage.

Schützenpanzerwagen-70	
Einführungszeitraum	1979 - 1989
Gefechtsmasse (t)	11,5
Besatzung	10
Abmessung L/B/H (mm)	7535 x 2814 x 2410
Bodenfreiheit	475
Turm-MG	KPWT 14,5
Panzer-MG	PKT 7,62
Kampfsatz Hauptbewaffnung	500
Watfähigkeit (m)	schwimmfähig
Fahrbereich Str./Gel.(km)	500 / 340
Höchstgeschwindigkeit (km/h)	80
Steigfähigkeit (Grad)	30
Bezeichnung Motor	2 x ZMZ 49-05
Typ Motor	4-Takt-Otto / R-6
Leistung (PS/kW)	115 / 85
Hubraum (l)	4,25
Kraftstoffvorrat gesamt (l)	370
Kühlung	Wasser / Lüfter
Federung	Drehstab

schützen, kamen Abweiser zum Einsatz. Das neue Funkgerät R-173, ein Winkelspiegel links am Turm, vier Gummipuffer am Bug zum Schutz des Wellenabweisers und ein veränderter Scheinwerferschutz verbesserten ab 1988 die Nutzungseigenschaften des SPW-70. In einem MSR erfolgte 1986 der Einsatz des SPW-70 als Gruppenfahrzeug einer Mot-Schützengruppe, als Führungsfahrzeug des Stellvertreter Stabschef, des ZF und des KC, aber auch als Aufklärungsfahrzeug in der Aufklärungskompanie und als Basisfahrzeug für die Gruppen Flammenwerfer (Soll II).

Auf der Basis des SPW-70 importierte die DDR ab 1982 das Führungsfahrzeug **SPW-70 (S)**. Sein Einsatz erfolgte für den Kommandeur und den Stabschef der MSB, für den Stabschef PB und für den Politstellvertreter MSR, eingesetzt in der Propagandagruppe. Die Ausrüstung bestand aus einem zweiten UKW-Panzerfunkgerät R-123M, zwei Funkgeräten R-107T, einem Funkerpult-107M, zwei zusätzlichen 4-m Stabantennen auf dem Wannenheck und einem Halbteleskopmast HTM-10, der an der rechten Wannenseite platziert wurde. Außerdem wurden die SPW mit zwei Arbeitstischen, einer Arbeitstischleuchte und zusätzlichen Akkumulatoren ausgerüstet. In SPW-70 (S), die nicht mit einer Antennenweiche ausgerüstet waren, musste das zweite UKW-Panzerfunkgerät R-123M an eine gesonderte 4-m Stabantenne, die sich vorn rechts auf dem Wannendach befand, angeschlossen werden.

Der modernisierte SPW-70, vier Nahkampfluken auf dem Wannendach, ein Winkelspiegel an der linken Turmseite (oberes Bild) und zwei Abweiser am Heck, zeichneten diese Version aus.

Für die Führung von Kampfhubschraubern durch den Fliegerleitoffizier (FLO)und die Leitung der Armee-Fliegerkräfte wurden einzelne Führungsfahrzeuge SPW-70 (S) durch die Panzerwerkstätten der NVA 1987 mit zusätzlichen Funkgeräten und entsprechenden Antennenhalterung ausgestattet – SPW-70 (S-FLO).

Die taktische Nummer 1100 wies diesen SPW-70 (S) als Fahrzeug des Bataillonskommandeurs des 1. MSB aus (linkes Bild), die Turmnummer 1201 fand beim Stellvertreter des Bataillonskommandeurs und Stabschef Verwendung.

Schützenpanzerwagen-70 (S-FLO)	
Einführungszeitraum	1981 - 1989
Umrüstungszeitraum	1987 - 1989
Gefechtsmasse (t)	11,5
Besatzung	5
Abmessung L/B/H (mm)	7535 x 2814 x 2410
Bodenfreiheit	475
Basis	SPW-70
Turm-MG	KPWT 14,5
Panzer-MG	PKT 7,62
Kampfsatz Hauptbewaffnung	500
Watfähigkeit (m)	schwimmfähig
Fahrbereich Str./Gel.(km)	500 / 340
Höchstgeschwindigkeit (km/h)	80
Steigfähigkeit (Grad)	30
Bezeichnung Motor	2 x ZMZ 4905
Typ Motor	4-Takt-Otto / R-6
Leistung (PS/kW)	115 / 85
Hubraum (l)	4,25
Kraftstoffvorrat gesamt (l)	370
Kühlung	Wasser / Lüfter
Federung	Drehstab

Von 1979 bis 1989 erhielten die LaSK der NVA laut der *Chronik des Panzerdienstes* 1128 SPW-70, davon 136 SPW-70 (S). Andere Quellen listeten einen Bestand von 1405 Fahrzeugen auf, der 139 SPW-70 vom 1990 aufgelösten Wachregiment des MfS einschloss.
Die Planung zur Ausrüstung der NVA von 1991 bis 1995 sahen den Import von 282 **Schützenpanzer-70W** und 18 **Schützenpanzerwagen-70W (S)** aus Rumänien vor. Ursprünglich war die Einfuhr des SPW-70W bereits ab 1987 vorgesehen. Beim modernisierten SPW-70W kam ein neuer Turm zum Einsatz, der den vertikalen Schwenkbereich der Waffen von +30 auf +60 Grad vergrößerte. Mit dem Einbau eines neuen Zielfernrohres konnte der Feuerkampf besser gegen Tiefflieger und Kampfhubschrauber sowie gegen höher gelegene Feinde geführt werden. Der Kampfraum wurde so geändert, dass der SPW für den Verwundetentransport eingesetzt oder zusätzlich zwei 30-mm Granatwerfer AGS-17 mitführen konnte.

Der SPW-70 (S-FLO) mit der taktischen Nummer 1202 des Stellvertreters des Stabschefs, umgerüstet für den Einsatz der STRELA-2-Schützen, erkennbar an den Abdeckungen der Kraftstoffkanister und den beiden Antennenhalterungen, die weit nach hinten auf der hinteren Motorraumabdeckung versetzt wurden.

Schützenpanzerwagen PSH D-944

(Páncélozott szállító harcjármû D-944 (PSZH) = gepanzertes Transportfahrzeug D-944 (PSH))

Aufbauend auf dem SPW FUG, wurde in Ungarn bereits ab 1964 an einem gepanzerten Transportfahrzeug gearbeitet. Speziell für den Export in die DDR wurde der **SPW PSH D-944.40** entwickelt, der ab 1970 in den Grenztruppen zum Einsatz kam. Unzulänglichkeiten des SPW FUG wurden dabei beseitigt. Der SPW PSH, diese Bezeichnung wurde in der NVA verwendet, verfügte über einen drehbaren Turm mit einem 14,5-mm schweren MG MTB oder KPWT und einem koaxialen 7,62-mm MG Panzer-PKT. Beide MG wurden mit Hilfe des kombinierten Tag- und Nacht-Zielfernrohres KM-1 gerichtet. Das Auf- und Absitzen des Richtschützen und der zusätzlichen sechs Soldaten erfolgte über zwei Seitentüren, Fahrer und Kommandant nutzten jeweils eine Einstiegsluke auf dem vorderen Wannendach. Um Platz für die sechs Soldaten zu schaffen, wurden die zwei absenkbaren Zusatzachsen gespart. Eine Filterventilationsanlage versorgte das Fahrzeuginnere mit gereinigter Luft, der dabei erzeugte Überdruck gestattete das Befahren aktivierter Geländeabschnitte. Für Entgiftungsarbeiten war das Entgiftungsgerät MK-67P auf dem Fahrzeugheck untergebracht. Die Beheizung des Kampfraumes erfolgte durch eine Warmwasserheizung, die an die Kühlanlage des Motors angeschlossen wurde. Das Wasserstrahl-Triebwerk, eine Lenzanlage, die Feuerlöschausrüstung sowie die Bergeausrüstung und ein Spill vervollständigten die Ausrüstung.
Neben der Normalversion führte die DDR zwei Varianten von Führungsfahrzeugen ein, die sich anhand der Ausrüstung mit Nachrichtenmitteln unterscheiden ließen. Der in der Beweglichen Führungsstelle des Bataillonskommandeurs eingesetzte **SPW PSH (K2) D-944.41** erhielt vier zusätzliche Funkgeräte, ein Funkerpult und einen Halbteleskopmast HTM-10, mit dem das Funkgerät R-130 eine Reichweite von 75 km im Stand erreichte. Durch die Einsparung von Munition und Sitzplätzen konnte ein Arbeitstisch für den Kommandeur und einer für den Funker in den Kampfraum eingebaut werden.
Für das Kompaniechef-Fahrzeug **SPW PSH (K1) D-944.42**, gleichfalls als Aufklärungs-SPW eingesetzt, fanden drei weitere Funkgeräte Verwendung, der Funker erhielt einen Arbeitstisch.
Zur Verbesserung des Lärmschutzes wurde der Kampfraum bei beiden Führungsvarianten mit Kunststoffmatten ausgekleidet. Im Ausbildungsjahr 1975/76 wurden auf Weisung des Chefs Panzerdienst im MfNV alle SPW PSH (K2) und SPW PSH (K1) mit dem Kernstrahlungswarn- und -aufklärungsgerät RWA-72K nachgerüstet.
Die *Planung der Ausrüstung der NVA im Zeitraum 1971 bis 1975* sah den Einsatz des SPW PSH in den sechs Grenzregimentern (GR) und den beiden Grenzausbildungsregimentern (GAR) des Grenzkommandos MITTE sowie in den GAR der Grenz-Kommandos NORD und SÜD vor.
Ein Grenzregiment im Grenz-Kommando MITTE verfügte laut *Stellenplan und Ausrüstungsnachweis (STAN)* von 1970 über 60 SPW PSH, die im Aufklärungszug (3 x K1), in der beweglichen Führungsstelle (2 x K2) und in den fünf Grenzkompanien (5 x K1, 45 x Normalversion) eingebunden waren. Zusätzlich kam in jeder Grenzkompanie eine schwere MG-Gruppe, die mit drei 7,62-mm MG PKS ausgerüstet war und einen SPW PSH als Transportmittel nutzte, zum Einsatz.
Mit dem STAN von 1976 wurde jedes Grenzregiment/Grenz-Kommando MITTE mit 62 SPW PSH ausgerüstet, die im Aufklärungszug (3 x K1), in der beweglichen Führungsstelle (2 x K2), in der Kuriergruppe, in der Granatwerfer- und der Artilleriebatterie (je 1 x Normalversion), in der Pionierkompanie (1 x Normalversion, 3 x K1) und in den fünf Grenzkompanien (5 x K1, 45 x Normalversion) genutzt wurden.
Letztendlich verfügte jedes GR über 62, jedes GAR über 82 SPW PSH. Weiterhin kamen 20 SPW PSH im Stab/ GK MITTE zum Einsatz. Weitere Fahrzeuge wurden für die Ausbildung an der Militärakademie und der Offiziershochschule der GT eingesetzt. Laut der *Chronik des Panzerdienstes* erhielten die Grenztruppen der DDR insgesamt 691 SPW PSH.
Auch die Volkspolizei-Bereitschaften nutzten den SPW PSH. Der Einsatz erfolgte in den 14 VP-Bereitschaften

der Bezirksbehörden der Deutschen Volkspolizei (jeweils 15 PSH) und in den beiden Volkspolizei-Bereitschaften (jeweils 15 PSH), die dem Präsidium der Deutschen Volkspolizei Berlin unterstellt waren.
Mit dem *BEFEHL Nr. 30 /90 des Ministers für Nationale Verteidigung über die Herauslösung von Militärtechnik aus dem Bestand der Grenztruppen der DDR ... vom 07.03.1990 ...* wurden weitere ... *Maßnahmen der Militärreform in der DDR und der damit verbundenen Reorganisation der Grenztruppen der DDR in ein Grenzschutzorgan mit Aufgaben der Grenzüberwachung, Paßkontrolle und Fahndung sowie der sich daraus ergebenden grundsätzlichen Veränderungen in der Ausstattung mit Technik, Bewaffnung und Ausrüstung eingeleitet. ... Der Abschluß der Herauslösung von nicht mehr benötigter Militärtechnik sowie dazugehörender materieller und Ausbildungsmittel aus dem Bestand der Grenztruppen der DDR hat bis zum 30.05.1990 zu erfolgen.*

Es wurden u.a. 100 % der Artilleriebewaffnung, der Technik der chemischen Dienste und der Panzertechnik an die NVA übergeben: 686 SPW PSH, 50 SPW-60PB und 14 Führungsstellen R-145BM.
Einrichtungen der GT verschrotteten 44 SPW in eigener Zuständigkeit, das Reparaturwerk Neubrandenburg, das Panzergerätelager-2 und die Panzerwerkstatt-2 vernichteten weitere 637 Fahrzeuge, 5 SPW PSH wurden an den Militärbezirk V übergeben.

Der SPW PSH, die Besatzung konnte gedeckt über die Seitentüren auf- und absitzen. Durch die Werkstätten der GT der DDR wurden einige SPW PSH mit korbähnlichen Behältern an den Türmen für den Transport bestimmter Güter ausgerüstet. Das untere Bild zeigt die SPW kurz vor der Verschrottung 1995.

Schützenpanzerwagen PSH D-944	
Einführungszeitraum	1970 - 1976
Gefechtsmasse (t)	7,6
Besatzung	9
Abmessung L/B/H (mm)	5695 x 2800 x 2308
Bodenfreiheit	300
Turm-MG	KPWT 14,5
Panzer-MG	PKT 7,62
Kampfsatz Hauptbewaffnung	500
Watfähigkeit (m)	schwimmfähig
Fahrbereich Str./Gel.(km)	825 / 625
Höchstgeschwindigkeit (km/h)	80
Steigfähigkeit (Grad)	30
Bezeichnung Motor	D-414.44/1
Typ Motor	4-Takt-Diesel / R-4
Leistung (PS/kW)	100 / 74
Hubraum (l)	5,516
Kraftstoffvorrat gesamt (l)	220
Kühlung	Wasser / Lüfter
Federung v / h	Schrauben- / Blattfeder

Aufklärungs-Schützenpanzerwagen

Panzerspähwagen BA-64B

(Бронеавтомобиль БА-64Б = Gepanzertes Fahrzeug BA-64B)

Der Panzerspähwagen BA-64B zählte zur technischen Erstausstattung der bewaffneten Organe der DDR. Der Einsatz des Fahrzeuges erfolgte vor allem in Aufklärungseinheiten. Die Basis bildete der sowjetische Allrad-PKW GAZ-67B. Das Prinzip der Nutzung von technischen Baugruppen in zivilen und militärischen Bereichen spielte in der Entwicklung und Fertigung sowjetischer Schützenpanzerwagen eine bedeutende Rolle.

Der Panzerwagen BA-64B wurde ab Herbst 1942 im Gorkier Automobilwerke entwickelt, im September 1943 in die Serienfertigung überführt und bis 1946 gebaut. Die 7 bis 11 mm dicken Panzerplatten gewährleisteten den Schutz der Besatzung und der technischen Ausrüstung vor Geschossen aus Handfeuerwaffen und vor Granat- und Minensplittern. Als Nachrichtenmittel wurde in einzelne Fahrzeuge das Funkgerät 12RP, ab Oktober 1944 das Funkgerät 12RP-B, eingebaut. Die Besatzung bestand aus zwei Mann, dem Fahrer und dem Kommandanten. Im oben offenen Turm war ein 7,62-mm Panzer-MG DT installiert, die Beobachtung des Gefechtsfeldes erfolgte durch Sehschlitze. Die elektrische Anlage war auf 6 V ausgelegt.

1956 wurden im Kollegium des Ministeriums für Nationale Verteidigung Gedanken zur Weiterentwicklung älterer Panzertechnik entwickelt, so auch für den Panzerspähwagen BA-64B:

Dieser Typ ist so zu verändern, dass das Fahrgestell weiter in den Einheiten verwendet werden kann:

a) als geländegängiges Kommandeurs-Fahrzeug

b) als Transport- und Schulfahrzeug.

Die Panzerung ist zu entfernen und weiter zu verwerten. Auf das Fahrgestell wird eine Stahlblech-Karosserie befestigt. Die Schwammgummireifen sind durch Luftkammerreifen zu ersetzen.

Letztendlich hatten die 207 Panzerspähwagen BA-64B in der NVA nur einen kurzen Gastauftritt. Bis 1957 wurden sämtliche Fahrzeuge an das Ministerium des Inneren übergeben.

Panzerspähwagen BA-64B	
Einführungszeitraum	1949 - 1953
Gefechtsmasse (t)	2,425
Besatzung	2
Abmessung L/B/H (mm)	3660 x 1700 x 1900
Bodenfreiheit	210
Basis	GAZ-67B
Panzer-MG	DT 7,62
Kampfsatz Hauptbewaffnung	1260
Watfähigkeit (m)	0,9
Fahrbereich Str./Gel.(km)	500 / 360
Höchstgeschwindigkeit (km/h)	80
Steigfähigkeit (Grad)	30
Bezeichnung Motor	GAZ-64
Typ Motor	4-Takt-Otto / R-4
Leistung (PS/kW)	50 / 37
Hubraum (l)	3,28
Kraftstoffvorrat gesamt (l)	90
Kühlung	Wasser / Lüfter
Federung	Blattfedern

Ein Panzerspähwagen BA-64B, hier auf einer Parade Mitte der 1950er Jahre in Berlin.

Sonder-Kfz-1

Anfang der 1950er Jahre gab das Ministerium des Inneren der DDR das Sonder-Kfz-1 (SK-1) in Auftrag, 1954 stand das erste Fahrzeug für Testfahrten bereit. Im gleichen Jahr begann die Serienproduktion in der *Firma LoWa Görlitz*.

Obwohl das als *Panzerspähwagen SK-1* bezeichnete Fahrzeug nicht in der KVP und der NVA eingesetzt wurde, soll es aber der Vollständigkeit halber mit aufgeführt werden.

Die Basis des SK-1 bildete das einfach bereifte Fahrgestell des leichten LKW GRANIT 30-K aus dem Werk *Phänomen Zittau*. Der Aufbau setzte sich aus 5 mm starken Panzerplatten zusammen, was ein reines Aufbaugewicht von 1800 bis 2000 kg ergab. Dazu kamen noch 1100 kg für die fünfköpfige Besatzung, das Reserverad sowie Werkzeug und Zubehör. Somit belief sich die Gesamtmasse der Konstruktion auf ungefähr 4400 kg. Aufgrund dessen musste die Hinterachse mit Zwillingsbereifung ausgerüstet und die Federung verstärkt werden. Als Bewaffnung fanden ein sowjetisches 7,62-mm Panzer-MG DT oder ein deutsches 7,92-mm MG-34 Verwendung. Der hauptsächliche Einsatz sollte nur auf befestigten Straßen erfolgen, so dass man die Geländegängigkeit weitgehend vernachlässigen konnte. Geplant waren außerdem zwei Nachrichtenvarianten auf der Basis des SK-1, das SK-1 Typ I Fernsprechwagen und das SK-1 Typ II Funkwagen.

Bis zum 31.12.1954 wurden in Zittau 137 Fahrgestelle an LoWa Görlitz ausgeliefert. Andere Quellen sprechen von bis zu 219 gefertigten Exemplaren. Die Ausrüstung des Mdl erfolgte in den folgenden Jahren ausschließlich mit SPW aus sowjetischer und ungarischer Produktion. Damit wurden die Sonder-Kfz-1 an die Kampfgruppen der Arbeiterklasse zum Objektschutz abgegeben.

Sonder-Kfz-1	
Einführungszeitraum	1953 - 1954
Gefechtsmasse (t)	4,4
Besatzung	5
Abmessung L/B/H (mm)	5000 x 2250 x 2550
Bodenfreiheit	250
Basis	LKW GRANIT 30-K
Panzer-MG	DT 7,62
Watfähigkeit (m)	0,82
Fahrbereich Str./Gel.(km)	250 / 200
Höchstgeschwindigkeit (km/h)	80
Steigfähigkeit (Grad)	29,50
Bezeichnung Motor	GRANIT 30-K
Typ Motor	4-Takt-Otto / R-4
Leistung (PS/kW)	55 / 40
Hubraum (l)	3
Kraftstoffvorrat gesamt (l)	72
Kühlung	Lüfter
Federung	Blattfedern

Das Sonder-Kfz-1 mit Zwillingsbereifung bot Platz für fünf Mann, das SK-1 Typ II Funkwagen (unteres Bild).

Schützenpanzerwagen-40

(Бронетранспортёр-40 = gepanzerter Personentransporter-40)

Am Anfang einer bemerkenswerten Fahrzeugfamilie stand der **Schützenpanzerwagen-40**, dessen Entwicklung 1947 begann und auf dessen Konstruktion die Nachfolgetypen SPW-40P und SPW-40P2 aufbauten.
1946 erhielt das Gorkier Automobilwerk (GAZ) die taktisch-technischen Forderungen für den Bau eines leichten gepanzerten Fahrzeuges auf der Grundlage von Baugruppen und Aggregaten des leichten LKW GAZ-63. Im GAZ wurde diese Entwicklung unter der Bezeichnung Objekt-141 oder GAZ-40 geführt. Als Vorbild diente der nach dem Lend-Lease-Vertrag gelieferte amerikanische Panzerspähwagen M3 (Scout). 1949 durchlief der SPW-40 die staatlichen Prüfungen, Ende 1950 begann die Serienproduktion.
Der LKW GAZ-63 lieferte wichtige Komponenten wie Motor und seine Anlagen, Kraftübertragung, Fahrwerk und Teile der elektrischen Anlage. Das Drehmoment wurde vom Motor über eine Einscheiben-Trockenkupplung zum 4-Gang-Wechselgetriebe mit Rückwärtsgang über das Verteilergetriebe zu den Achsantrieben und weiter auf die Räder übertragen. Eine hydraulische Einkreis-Innenbackenbremse und eine Getriebebremse als Handbremse gehörten genauso zur Ausrüstung wie die Seilwinde mit einem 50 m langen Seil, die über eine Zugkraft von 4500 kp verfügte. Mit Hilfe halbelliptischer Längsblattfedern und unterstützenden hydraulischen Zweiweg-Hebelstoßdämpfern erfolgte die Federung des SPW. Das Funkgerät 10RT-12 ermöglichte die Verbindungsaufnahme im Stand/in der Bewegung bis zu 40/25 km. Zur Besatzung zählten der Fahrer und der Kommandant sowie acht im Kampfraum untergebrachte Soldaten mit Ausrüstung, die das Feuer mit ihren persönlichen Waffen aus den in der Wanne angeordneten Nahkampfluken führten. Das Auf- und Absitzen in den oben offenen Kampfraum erfolgte über die Seitenwände der Wanne. Der Radstand des SPW-40 wurde gegenüber dem LKW GAZ-63 auf 2700 mm verkürzt, die Spurweite vorn/hinten lag bei 1588/1600 mm. Das Panzer-MG wurde auf einer verschiebbaren Lafette über dem Fahrerraum aufgebaut. Zur Ausrüstung gehörte ein Nachtsichtgerät für den Fahrer, die Panzerung der Wanne gewährleistete eine Beschusssicherheit gegen Infanteriegeschosse durch den Einsatz von 6 bis 8 mm starke Panzerplatten.
1957 erhielt die NVA die ersten 35 fabrikneuen SPW-40, von denen jeweils elf in der 1., 4. und 8. MSD sowie zwei in der Erprobungsstelle für Nachrichtengeräte eingesetzt wurden. Eine zweite Lieferung von 114 SPW-40 erreichte die NVA 1958.
Neben dem Einsatz als Aufklärungs- und Gefechtsfahrzeug fand das Basisfahrzeug als **KC-Aufklärungsfahrzeug SPW-40 Ch** und als **SPW-40A mit 2 x 14,5-mm Fla-MG KPW** Verwendung.
Ab 1970 verringerte sich der Bestand durch Verschrottungen, Abgaben an das MdI und die Kampfgruppen sowie durch die Aufstellung auf Ausbildungsplätzen kontinuierlich. 1981 wurden die letzten 40 SPW-40 ausgesondert.
1956 wandte sich der Stellvertreter des Chefs der Ingenieur-Technischen Verwaltung an den Chef für Kfz-Wesen der NVA mit der Bitte, für die Produktion des SPW-40 in der DDR, ein allradgetriebenes Fahrgestell

Schützenpanzerwagen-40	
Einführungszeitraum	1957 - 1962
Gefechtsmasse (t)	5,3
Besatzung	10
Abmessung L/B/H (mm)	5000 x 1900 x 1830
Bodenfreiheit	275
Basis	GAZ-63
Panzer-MG	SGM 7,62
Kampfsatz Hauptbewaffnung	1250
Watfähigkeit (m)	0,9
Fahrbereich Str./Gel.(km)	285 / 240
Höchstgeschwindigkeit (km/h)	80
Steigfähigkeit (Grad)	30
Bezeichnung Motor	GAS-40
Typ Motor	4-Takt-Otto / R-6
Leistung (PS/kW)	80 / 59
Hubraum (l)	3,48
Kraftstoffvorrat gesamt (l)	120
Kühlung	Wasser
Federung	Blattfedern

PHÄNOMEN GRANIT 30-K zur Verfügung zu stellen. Da die Produktion bereits 1957 beginnen sollte, wurde das Fahrgestell für notwendige Erprobungen benötigt. Warum das Projekt scheiterte, bedarf weiterer Recherchen.

Der SPW-40, auf Militärfahrzeugtreffen ist er noch anzutreffen (rechtes Bild).

Schützenpanzerwagen FUG D-442

(Felderítő úszó gépkocsi D-442 FUG = schwimmfähiges Aufklärungsfahrzeug D-442 FUG)

Da die Sowjetunion Anfang bis Mitte der 1960er Jahre nicht alle Teilnehmerstaaten des Warschauer Vertrages mit Aufklärungs-SPWs beliefern konnte, vergab sie Lizenzen, u.a. an die Ungarische Volksrepublik. Daraufhin wurden als Pendant zum SPW-40P2 der SPW FUG D-442 in der ungarischen Csepeler Automobilfabrik entwickelt und produziert.

Der Schützenpanzerwagen FUG D-442 spielte in der Geschichte der Panzertechnik der NVA keine Rolle, da die Lieferungen des SPW-40P2 für die NVA nach Zusagen von N. Chruschtschow ab 1966 erfolgen sollten. So blieb es bei den zwei 1963 gelieferten Erprobungsmustern. 1972 nutzte das Pionierwesen einen SPW FUG für Erprobungszwecke, der zweite SPW wurde nach einer Lehrvorführung in der 7. PD verschrottet.

Der als reines Aufklärungsfahrzeug konzipierte SPW FUG D-442 sollte maximal 50 km in feindliches Gebiet eindringen und Angaben über Konzentrierungsräume, Handlungen des Gegners und dergleichen sammeln. Die Wanne wurde für das zügige Überwinden von Wasserhindernissen stromlinienförmig gefertigt, für das schnelle Passieren von schwerem Gelände und Gräben erhielt der SPW zwei absenkbare Zusatzachsen, die über ein Zwischengetriebe bedient wurden. Die bis 13 mm starken Panzerplatten schützten die sechsköpfige Besatzung vor Infanteriegeschossen und Granatsplittern. Das Drehmoment, das der im Fahrzeugheck angeordnete Motor erzeugte, wurde über das mittig im Fahrzeug verbaute Getriebe zum Verteilergetriebe und weiter an die Achsen geleitet. Die Vorderachse verfügte über Einzelradaufhängung, Querlenker und Schraubenfedern als Federung, die Hinterachse war als Starrachse mit Blattfedern ausgelegt. Als Bewaffnung konnte nur die persönliche Bewaffnung der Aufklärer eingesetzt werden, der Einstieg erfolgte über zwei auf dem Wannendach angeordnete Lukendeckel. Da das Fahrzeug über keine Filterventilationsanlage verfügte, musste beim Überwinden von aktiviertem Gelände die persönliche Schutzbekleidung getragen werden. Zur Ausrüstung gehörten zwei Wasserstrahl-Triebwerke, eine Lenzanlage, je ein Nachtsichtgerät für Kommandant und Fahrer, eine Reifendruck-Regelanlage, das Panzerfunkgerät R-113 und die Bordsprechanlage R-114. Ein Nebenabtrieb nahm das Drehmoment vom Wechselgetriebe für den Spill, der mit einem 35 m langen Seil über eine Zugkraft von 4000 kp zum Selbstherausziehen oder Bergen anderer Fahrzeuge verfügte.

Schützenpanzerwagen FUG D-442	
Einführungszeitraum	1962
Gefechtsmasse (t)	7
Besatzung	6
Abmessung L/B/H (mm)	5790 x 2500 x 1940
Bodenfreiheit	300
Panzer-MG	PKT 7,62
Kampfsatz Hauptbewaffnung	2000
Watfähigkeit (m)	schwimmfähig
Fahrbereich Str./Gel.(km)	600 / 525
Höchstgeschwindigkeit (km/h)	87
Steigfähigkeit (Grad)	30
Bezeichnung Motor	D-414.44
Typ Motor	4 Takt Diesel / R 4
Leistung (PS/kW)	100 / 74
Hubraum (l)	5,516
Kraftstoffvorrat gesamt (l)	180
Kühlung	Wasser / Lüfter
Federung v / h	Schrauben- / Blattfeder

Der SPW FUG D-442, der Zugang zum Kampf- und Fahrerraum erfolgte über die beiden Lukendeckel im Wannendach.

Schützenpanzerwagen-40P

(Бронированная разведывательно-дозорная машина – БРДМ = Gepanzertes Aufklärungs- und Patrouillenfahrzeug – BRDM)

Das erste, speziell für die Gefechtsfeldaufklärung konzipierte, Aufklärungsfahrzeug BRDM baute auf dem SPW-40 auf. Das mit wesentlichen Verbesserungen ausgerüstete Fahrzeug wurde in der NVA als **SPW-40P** geführt.

Bereits 1954 begannen die Entwicklungsarbeiten, 1957 die Serienproduktion. Das Fahrzeug erhielt einen stärkeren, 90 PS leistenden, Motor und eine neue, geschlossene bootsförmige Wanne mit einem in den hinteren Fahrzeugteil verlegten Kampfraum für drei Aufklärer. Ein Wasserstrahl-Triebwerk, das P in der deutschen Fahrzeugbezeichnung stand für *плавающий* – schwimmfähig, das über ein Zusatzgetriebe vom Wechselgetriebe angetrieben wurde, erlaubte das zügige Überwinden von Wasserhindernissen ohne große Vorbereitungsarbeiten. Durch den bei der Wasserfahrt im Gehäuse des Wasserstrahl-Triebwerks entstandenen Sog wurde das eindringende Wasser über einen Ventilblock abgesaugt. Wenn das Wasserstrahl-Triebwerk nicht arbeitete, konnte das eingedrungene Wasser mit einer mechanischen Handpumpe abgesaugt werden. Die Geländegängigkeit konnte durch vier angetriebene Zusatzräder mit einer Anlage zum Heben und Senken und einer Reifendruck-Regelanlage erheblich verbessert werden. Über dem Fahrerraum befand sich eine Halterung für das lafettierte Panzer-MG. Im Bug des Fahrzeuges war eine Seilwinde zum Selbstherausziehen und zum Bergen anderer Fahrzeuge integriert. Das Panzerfunkgerät R-113/13 und das Fahrer-Nachtsichtgerät TWN-2B ergänzten die Ausrüstung. Da das Be-

Schützenpanzerwagen-40P	
Einführungszeitraum	1961 - 1964
Gefechtsmasse (t)	5,6
Besatzung	5
Abmessung L/B/H (mm)	5700 x 2250 x 1900
Bodenfreiheit	315
Basis	GAZ-63
Panzer-MG	SGM 7,62
Kampfsatz Hauptbewaffnung	1250
Watfähigkeit (m)	schwimmfähig
Fahrbereich Str./Gel.(km)	635 / 345
Höchstgeschwindigkeit (km/h)	80
Steigfähigkeit (Grad)	30
Bezeichnung Motor	GAS-40P
Typ Motor	4-Takt-Otto / R-6
Leistung (PS/kW)	90 / 66
Hubraum (l)	3,48
Kraftstoffvorrat gesamt (l)	190
Kühlung	Wasser
Federung	Blattfedern

Der SPW-40P, hauptsächlich in den Aufklärungseinheiten eingesetzt, fiel durch seine bootsförmige Wanne auf. Er wurde u.a. mit einer Nachtmarschanlage und zwei 20 l fassende Kraftstoffkanister nachgerüstet.

dienen des leichten Panzer-MG nur bei geöffnetem Kampfraum möglich war und Kampf- und Fahrerraum nicht hermetisierbar waren, konnten radioaktiv verstrahlte Geländeabschnitte nur mit angelegter persönlicher Schutzbekleidung überwunden werden.
Von 1961 bis 1964 importierte die DDR 327 SPW-40P, die hauptsächlich in den Aufklärungseinheiten eingesetzt wurden. Eine weitere Einsatzmöglichkeit bildeten die in den Panzerwerkstätten von 1964 bis 1965 umgerüsteten Führungsfahrzeuge, das **KC-Aufklärungsfahrzeug SPW-40P Ch**, die **Funkstation der Aufklärung auf SPW BRT PK** sowie die Verwendung als **Startfahrzeug 2P27** und **9P110** für den Verschuss der Panzerabwehrlenkraketen 3M6 und 9M14

Schützenpanzerwagen-40P2

Aufbauend auf dem SPW-40P begann Anfang der 1960er Jahre die Entwicklung des Schützenpanzerwagens-40P2. Erst Ende 1964 konnten die ersten fünf Fahrzeuge fertiggestellt werden. Ursache war nach russischen Quellen die Differenz zwischen gewünschter und machbarer Bewaffnung des SPW-40P2. Letztendlich kam der Turm des SPW-60PB in modifizierter Form zum Einsatz.
Der SPW-40P2 übernahm viele technische Parameter von seinem Vorgänger: den Allradantrieb, die Ausrüstung zum Überwinden von Wasserhindernissen und von Gräben, die Seilwinde, eine Reifendruck-Regelanlage sowie Nachtsichtgeräte für Fahrer und Kommandant.
Neu beim SPW-40P2 war der Einbau eines stärkeren Motors mit seinen Anlagen im Heck des Fahrzeuges sowie die Ausrüstung mit einem Turm für ein überschweres MG, gekoppelt mit einem Panzer-MG und einem kombinierten Zielfernrohr. Der SPW verfügte über eine Navigations-, eine Heizungs- und eine Filterventilationsanlage, ein Strahlungswarngerät und eine moderne Funkanlage. Auch der SPW-40P2 war ohne große Vorbereitung schwimmfähig, ein starkes Wasserstrahl-Triebwerk verlieh dem Fahrzeug eine Geschwindigkeit auf dem Wasser von 10 km/h. Mit Hilfe der auf dem Unterdruckprinzip arbeitenden Lenzanlage konnte das eingedrungene Wasser wahlweise aus dem Kampf- oder Motorraum abgesaugt werden. Die elektrisch betriebene Lenzpumpe kam bei abgestelltem Wasserstrahl-Triebwerk zum Einsatz. Die Hydraulikanlage wurde für das Heben und Senken der Zusatzräder, des Wellenabweisers und der Verschlussklappe des Wasserstrahl-Triebwerks sowie zum Betätigen der Lenkhilfe benötigt.
Im Zuge technischer Neuerungen wurden u.a. die Motorraumabdeckungen verändert. Auffälligste Änderung war die Gestaltung der Lukendeckel des Kühlerlufteintritts. Bei den Modellen 1967 und 1968 bis 1972 musste der Fahrer die Lukendeckel des Kühlerlufteintritts per Hand, ab Baujahr 1973 mit Hilfe eines Elek-

SPW-40P2, Modell 1968 bis 1972.

tromotors öffnen und schließen. Bis Baujahr 1970 verfügten die SPW über einen Filterlüfter mit mechanischer Staubabsonderung, der ab 1971 zur Filterventilationsanlage mit Absorptionsfilter weiterentwickelt wurde. Durch Einsatz eines Absorptionsfilters wurde die angesaugte Luft auch von chemischen Kampfstoffen gereinigt. Damit war es grundsätzlich möglich, durch den im Fahrzeuginneren erzeugten Überdruck, radioaktive und chemisch verseuchte Geländeabschnitte ohne Anlegen der persönlichen Schutzausrüstung zu überwinden.

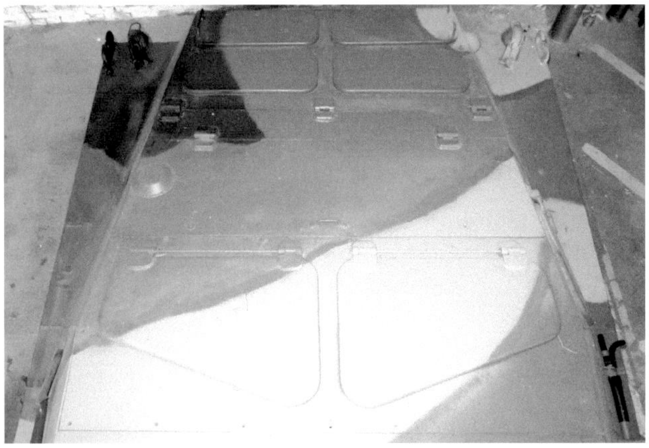

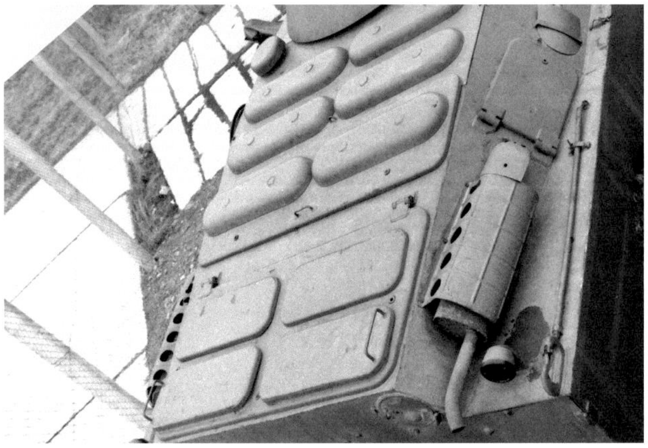

Anhand der Gestaltung der Motorabdeckung konnten die Modelle 1967, 1968 bis 1972 und 1973 (von oben nach unten) unterschieden werden. Während die vier rechteckigen Lukendeckel des Kühlluft-Austritts gleich waren, änderten sich die Lukendeckel des Kühlluft-Eintritts von Modell zu Modell.

Für Zugführer und Kompaniechefs wurden Führungsfahrzeuge in den Panzerwerkstätten der Einheiten umgerüstet, die sich durch eine erweiterte Funkausrüstung mit einem 10-m Halbteleskopmast von der Normalversion unterschieden und die Bezeichnung **Schützenpanzerwagen-40P2 (K)** erhielten. Der SPW des KC verfügte zusätzlich über ein tragbares Funkgerät R-107 bzw. R-108 mit entsprechender Halterung und EWZ.

1966 erhielt die NVA die ersten 50 Fahrzeuge, die als Aufklärungs- und Führungsfahrzeuge in den Kampfeinheiten der LaSK zum Einsatz kamen.

1970 wandte sich die Verwaltung Aufklärung an den Chef des Hauptstabes, Generaloberst Keßler, mit einem Vorschlag zur umfangreichen Neustrukturierung der Aufklärungseinheiten in den MSD/PD und den MSR/PR. Dabei wurden die Vorteile des SPW-40P2 wie folgt dargestellt:

Für die konkreten Bedingungen auf dem westeuropäischen Kriegsschauplatz könnte der Gefechtswert der Aufklärungstruppenteile und -einheiten der NVA noch erhöht werden, wenn anstelle der vorgesehenen Beiwagenkräder der SPW 40 P2 in die neue Struktur aufgenommen wird. ... Der Wert der Beiwagenkräder als Aufklärungsmittel wird von der Verwaltung Aufklärung vor allem wegen ihrer großen Beweglichkeit nicht unterschätzt. Sie können von Aufklärungsorganen, die große Räume aufzuklären haben, bzw. in unübersichtlichem Gelände handeln müssen, schnell als Spähfahrzeuge in jede beliebige Richtung ausgesandt werden. Trotz dieses Vorteils ist die Verwaltung Aufklärung der Ansicht, daß unter unseren speziellen Bedingungen deren Nachteile nicht aufgewogen werden können. Die wesentlichsten Nachteile sind:

1. *Die B-Kräder sind nicht schwimmfähig.*
   Jedes Wasserhindernis, selbst ein einfacher Meliorationsgraben, kann für das B-Krad zum schwerpassierbaren Hindernis werden. Da auf dem westeuropäischen Kriegsschauplatz alle 20 bis 40 km ein

Wasserhindernis zu überwinden ist, behindern die Kräder das Aufklärungstempo erheblich. Während die BMP und die mit schwimmfähiger Technik ausgerüsteten mot-Schützeneinheiten die Wasserhindernisse aus der Bewegung forcieren, müssen die Kräder erst auf das Einrichten von Fähren oder Brückenübersetzstellen warten. Da andererseits die Kradeinheiten wegen ihrer geringen Feuerkraft und des Fehlens der entsprechenden Funkmittel nicht selbständig eingesetzt werden können, müssen sie gemeinsam mit den BMP in gemischten Aufklärungsgruppen handeln. Das zieht nach sich, daß an jedem Wasserhindernis die Kräder zurückbleiben und dabei das Organ auseinandergerissen wird. Dadurch werden die Möglichkeiten des Organs eingeengt und es verliert gegenüber der kämpfenden Truppe an Boden.

2. *Die Kradbesatzungen sind gegenüber Schützenwaffen leicht verwundbar.*
   Das wirkt sich besonders unter unseren Bedingungen nachteilig aus. Auf dem Territorium Westdeutschlands ist ein ganzes System der Sicherung des rückwärtigen Raumes organisiert worden. Dieses Sicherungssystem erfaßt die Überwachung, Sicherung und Verteidigung von Räumen in der Tiefe der Gefechtsordnung, von militärischen Objekten, von zivilen Objekten mit militärischer Bedeutung und die Überwachung sämtlicher Marschstraßen. In dieses System ist der Einsatz sogenannter Jagdkommandos eingeschlossen. Die Sicherungsmaßnahmen sind zusätzlich zu den Maßnahmen der in der gegnerischen Tiefe handelnden Gefechtseinheiten organisiert und werden vorwiegend von TV-Kräften, Kräften des BGS, Feldjäger und Polizeieinheiten durchgeführt. Besonders intensiv erfolgt die Sicherung in Räumen, in denen unsere Aufklärungs- oder Einsatzgruppen vom Gegner erwartet werden. Diese Sicherungseinheiten sind hauptsächlich mit Schützenwaffen ausgerüstet. Deshalb sind Kradbesatzungen gegenüber dem Feuer dieser Einheiten bedeutend anfälliger als SPW-Besatzungen. Außerdem sind die SPW 40 P2 durch ihre stärkere Bewaffnung besser in der Lage, die Sicherungseinheiten niederzuringen. Ein Krad-Zug mit 12 Krädern hat z.B. eine Feuerkraft von 2 lMG und 10 MPi. Der SPW-Zug mit 5 SPW 40 P2 hat demgegenüber eine Feuerkraft von 5 überschweren MG 14,5mm, 5 sMG 7,62mm und 10 MPi.
3. *Gegenüber den Kradeinheiten sind die mit dem SPW 40 P2 ausgerüsteten Einheiten in der Lage, selbständig als Aufklärungsgruppen zu handeln. Sie verfügen sowohl über die notwendige Feuerkraft als auch über entsprechende Funkmittel. Durch den Austausch der Beiwagenkräder zugunsten von SPW 40 P2 könnten durch ein MSR/PR mindestens ein Aufklärungsorgan und durch das AB der MSD/PD bis zu vier Aufklärungsorgane mehr eingesetzt werden. Dadurch kann der durch den Wegfall der Fernaufklärungskompanie des AB aufgetretene Ausfall von 5 Aufklärungsorganen im Rahmen der MSD/PD voll kompensiert werden. Der selbständige Einsatz von Organen, die nur SPW 40 P2 im Bestand haben, ermöglicht weiterhin die Erfüllung von Aufklärungsaufgaben, bei denen es auf geringe Geräuschentwicklung ankommt (z.B. Aufklärung bei Nacht und bei begrenzter Sicht). Kradeinheiten können dagegen nicht als selbständige Organe handeln. Bei den SPW 40 P2 handelt es sich um modernste Aufklärungstechnik. Mit der Einführung dieser Technik in die Aufklärungsbataillone der MSD/PD bzw. Aufklärungskompanien der MSR/PR wurde erst vor 3 Jahren begonnen. Die vollständige Ausrüstung der letzten Einheiten mit diesem SPW steht kurz vor dem Abschluß, so daß weder ein moralischer noch materieller Verschleiß in den kommenden Jahren zu erwarten ist.*

Bis 1988 wurden 1580 SPW-40P2 importiert. Laut dem *Stellenplan und Ausrüstungsnachweis* von 1986 kamen in den Aufklärungskompanien der MSR / PR sieben, in den AB der MSD / PD jeweils acht SPW-40P2 zum Einsatz.

Ab 1983 wurde der **Schützenpanzerwagen-40P2 M/F** als Melder- und Kurierfahrzeug in den Nachrichtenregimentern der Militärbezirke, den Teilstreitkräften Luftstreitkräfte/Luftverteidigung und Volksmarine sowie in der 2. Nachrichtenbrigade eingesetzt. Gegen-

Schützenpanzerwagen-40P2	
Einführungszeitraum	1966 - 1988
Gefechtsmasse (t)	7
Besatzung	4
Abmessung L/B/H (mm)	5750 x 2350 x 2395
Bodenfreiheit	330
Turm-MG	KPWT 14,5
Panzer-MG	PKT 7,62
Kampfsatz Hauptbewaffnung	500
Watfähigkeit (m)	schwimmfähig
Fahrbereich Str./Gel.(km)	450 / 415
Höchstgeschwindigkeit (km/h)	100
Steigfähigkeit (Grad)	30
Bezeichnung Motor	GAZ-41
Typ Motor	4-Takt-Otto / V-8
Leistung (PS/kW)	140 / 103
Hubraum (l)	5,53
Kraftstoffvorrat gesamt (l)	280
Kühlung	Wasser / Lüfter
Federung	Blattfedern

Der SPW-40P2, Modell 1973, wesentliche Merkmale waren die Gestaltung der Motorabdeckung und die zusätzliche *Luke für Montagearbeiten am Motor* hinten rechts vor dem Auspuff.

Der SPW-40P2 M/F, äußerlich gab es keine Unterschiede zwischen einer Normalversion und dem Kurierfahrzeug. Das Bild stammt aus dem Bildkatalog Nachrichtentechnik von 1985

über der Normalausfertigung wurde ein Schriftgutvernichtungsmittel bei Verringerung des Kampfsatzes eingebaut. Mit Hilfe dieser speziellen Ausrüstung wurde der sichere Transport vertraulichen Schriftgutes sowie bei Erfordernis, dessen schnelle und sichere Vernichtung garantiert. Die Ausrüstung als Kurierfahrzeug erfolgte durch die Panzerwerkstatt-2.

Neben den aufgeführten Varianten des SPW-40P2 wurde das Basisfahrzeug ohne Turm als **Führungsfahrzeug SPW-40P2 UM**, als **KCB-Aufklärungsfahrzeug SPW-40P2 Ch**, als **Startfahrzeug 9P122, 9P133** und **9P148,** als Einsatzmittel für Panzerabwehrlenkraketen und als **Startfahrzeug 9M31M** des Fla-Raketenkomplexes 9K31M STRELA-1M eingesetzt.

Der SPW-40P2 (K), typisch für die Führungsfahrzeuge war der 10-m Halbteleskopmast (HTM-10), der an der rechten Fahrzeugseite befestigt war. Die taktische Nummer 1700 wies diesen SPW-40P2 als Führungsfahrzeug des Kompaniechefs einer Auflärungskompanie (z.B. MSR-1) aus.

BASISFAHRZEUGE

Basisfahrzeuge (Bf)

Für das leichte, das mittlere oder das schwere Kettenzugmittel ATL, ATS und ATT wurden in den Dienstvorschriften der NVA keine einheitlichen Bezeichnungen verwendet. So fanden die Bezeichnungen Kettenschlepper, Kettenzugmaschine, Artillerie-Zugmaschine oder Kettenzugmittel *Verwendung. Der Einheitlichkeit halber wird in diesem Buch die Bezeichnung* **Kettenzugmittel** *verwendet.*

Leichtes Kettenzugmittel ATL

(АТЛ – артиллерийский тягач лёгкий = ATL – Artilleriezugmittel leicht)

1946 begann die Entwicklung des leichten Kettenzugmittels ATL, 1950 wurde die Erprobung der ersten Fahrzeuge abgeschlossen, ab 1952 erfolgte die Einführung in die Artillerieeinheiten der Sowjetarmee.
Erstmals wurde in dieser Fahrzeugklasse der Motor vorn im Bug des Fahrzeuges eingebaut. Die zu einem kompakten Block zusammengefasste Kraftübertragung schloss sich unmittelbar an den Motor an. Durch diese dichte Anordnung vom Motor JaAZ-204 und der Kraftübertragung konnte die nutzbare Fläche des Aufbaus und eine bessere Gewichtsverteilung erreicht werden. Für die Erhöhung der Zuverlässigkeit der Hilfsaggregate des Motors erhielten diese, mit Ausnahme der Lichtmaschine, Zahnradantriebe. Zur Erleichterung des Kaltstarts wurde zusätzlich zum herkömmlichen elektrischen Luftvorwärmer ein Vorwärmkessel für Öl und Wasser eingebaut. Das Anlassen erfolgte nur noch mit einem elektrischen Starter. Der Kraftstoff gelangte aus zwei Behältern mit je 130 l zum Motor, die Kraftstofftanks verfügten über große Einfüllstutzen für ein schnelles Betanken. Der Kraftfluss lief vom Motor über eine Einscheiben-Trockenkupplung zum querliegenden 5-Gang-Getriebe, das über Zahnmuffen ohne Synchronisation geschaltet wurde. Es schlossen sich zwei Planeten-Schalt- und Lenkgetriebe mit parallelen Kraftflüssen an, die die vorn liegenden Antriebsräder über Seitenvorgelege antrieben. Ihre beiden abnehmbaren Zahnkränze waren aus verschleißfestem Stahl gegossen. Die kleingliedrigen Ketten mit offenen Scharnieren waren aus hochlegiertem Manganstahl gefertigt, der gegen Verschleiß und Stoßbelastung unempfindlich war. Sie bestanden aus 82 Kettengliedern mit einer Breite von 300 mm und ausgeprägtem Profil, davon die Hälfte ohne Stollen. Für eine bessere Haftung der Ketten auf rutschigem Untergrund konnte auf jedem zweiten Kettenglied ein zusätzlicher Sporn befestigt werden. Das Fahrwerk bestand auf jeder Seite aus sechs gegossenen Laufrollen mit relativ kleinem Durchmesser (500 mm) und drei Stützrollen ohne Gummibandagen. Die Federung erfolgte durch Drehstäbe, der dynamische Weg der Schwingarme wurde durch Anschläge mit elastischen Gummipuffern begrenzt. Erstmals wurde anstelle eines Rahmens eine geschweißte, dünnwandige, selbsttragende Karosse in Pontonform verwendet. Das verringerte merklich die Masse des Zugmittels, erhöhte die Festigkeit und Zuverlässigkeit und verbesserte die Unterbringung und den Schutz der im Innenraum befindlichen Aggregate vor Staub und Schmutz. Im Mittelteil des ATL, unter der Ladefläche, wurde eine flache Seilwinde mit selbsthemmendem Schneckengetriebe und einer schmalen vertikalen Trommel eingebaut. Die maximale Zugkraft der Seilwinde (6500 kg) und das 50 m lange Seil waren völlig ausreichend für das Bergen der zu dieser Zeit üblichen Artilleriewaffen und das Selbstherausziehen des Zugmittels unter beliebigen Bedingungen. Für eine sichere Fahrt mit schweren Anhängern und Artilleriewaffen, die mit Druckluftbremsen ausgerüstet waren, verfügte das ATL über einen Kompressor, einen Druckluftbehälter und ein, mit dem Bremspedal verbundenes, Bremsventil für das Anhängegerät. Mit dem Druckluftsystem wurden auch beide Scheibenwischer der Fahrerkabine gereinigt. Eine einfache drehbare Anhängerkupplung am Heck mit Dämpfung erfüllte die Anforderungen. Hinter dem Motor, der durch eine Motorhaube Typ ALLIGATOR mit

abnehmbaren Seitenwänden abgedeckt war, befand sich das Ganzmetall-Fahrerhaus ZIS-160 mit drei Sitzplätzen. Es hatte im Dach eine runde Luke für den Kommandanten und elektrisch beheizte Windschutzscheiben. Das Fahrerhaus wurde durch den Motor erwärmt, sodass kein Lufterhitzer notwendig war. Der offene Aufbau mit einer Ladefläche von 4,62 m^2 wurde mit acht abklappbaren Sitzen für die Unterbringung der Bedienung ausgerüstet. Bei Notwendigkeit konnte der Aufbau mit einer wasserundurchlässigen Plane mit seitlichen Fenstern dicht verschlossen werden.

Im Prozess der Nutzung wurden unzulässige Vibrationen und Brüche der an der Wanne befestigten Stützrollen festgestellt. Diese mussten die Schläge und Schwingungen der oberen Kettenstränge aufnehmen. Das stellte die Konstrukteure vor ein Problem: Verstärkte man die Wanne mit dem alten Laufwerk und erhöhte damit spürbar das Gewicht des Zugmittels ohne eine Erfolgsgarantie zu haben oder fertigte man ein neues Laufwerk ohne Stützrollen mit fünf großen Laufrollen (700 mm) und Gummibandagen. Letztendlich entschloss man sich für die zweite Variante. Das leichte Kettenzugmittel ATL (M) löste ab 1957 das ATL ab. Im Februar 1955 ging bereits das erste Versuchsmodell in die Erprobung. Die Masse des Fahrzeuges stieg um 500 kg, die Länge der Kettenauflage vergrößerte sich um 170 mm. Zum Einsatz kam der verbesserte Motor JaAZ-204K mit einer Leistung von 130 PS, das Volumen der Treibstoffbehälter wurde auf 300 l vergrößert. Die Seilwinde erhielt zwei Auszugsrollen, die ein Ablenken der Trosse um 45° nach jeder Seite zuließen. Ab 1958 wurde der modernisierte Motor JaAZ-M24K eingebaut. Er zeichnete sich durch höhere Zuverlässigkeit und längere Lebensdauer aus, die Leistung wurde auf 135 PS erhöht. Ab Mai 1961 wurde die elektrische Anlage auf 24 V umgerüstet. Die Produktion des ATL (M) endete Mitte 1967.

Das Kettenzugmittel ATL wurde in der NVA nicht als Zugmittel genutzt. Stattdessen kam es als Basisfahrzeug *ATL Spezial* für die Artillerie-Funkmessstation-1 (AFMS-1) und als Basisfahrzeug *ATL (M) Spezial* für die Artillerie-Funkmessstationen-2 und -6 zum Einsatz.

Im Ausrüstungsnachweis *Artilleriebewaffnung* von 1964 wurden zwei AFMS-1 und acht AFMS-2 aufgelistet.

Das leichte Kettenzugmittel ATL in seiner ersten Variante. Das Bild stammt aus der DV-17/5 – Kfz-Typen der Nationalen Volksarmee von 1963.

Das leichte Kettenzugmittel ATL (M), markant das Laufrollen-Laufwerk mit fünf großen Laufrollen.

Leichtes Kettenzugmittel ATL	
Einführungszeitraum	ATL ab 1958
Gefechtsmasse (t)	6,3
Nutzlast	2,0
Anhängelast (t)	6,0
Zugkraft Seilwinde (kp)	5000
Plätze im Fahrerhaus	3
Sitzplätze auf der Ladefläche	8
Abmessung Marschlage L/B/H (mm)	5313 x 2214 x 2200
Spurbreite (mm)	1900
Bodenfreiheit (mm)	350
Watfähigkeit (m)	1
Höchstgeschwindigkeit (km/h)	42
Steigfähigkeit (%)	35
Fahrbereich Str. / Gel. (km)	300 / 270
Bezeichnung Motor	JaAZ-204
Typ Motor	2-Takt-Diesel / R4
Leistung (PS/kW)	130 / 96
Hubraum (l)	4,66
Kraftstoffvorrat gesamt (l)	300
Kühlung	Wasser

Mittleres Kettenzugmittel ATS Objekt-712

(АТС – артиллерийский тягач средний = ATS – Artillerie-zugmittel mittel)

Für den effektiven Einsatz gezogener Artillerie mit einem Kaliber bis 152 mm entwickelte das Tscheljabinsker Traktorenwerk ab 1948 ein mittleres Kettenzugmittel, das für Anhängegeräte bis 14 t und für den Transport von 3 t Nutzlast ausgelegt war. Es wurde unter der Bezeichnung Objekt 712 als mittleres Kettenzugmittel ATS in der sowjetischen Armee genutzt. 1950 stand das erste Fahrzeug für den Test bereit, 1952 begann die Serienproduktion.

Die Konstruktion des ATS folgte dem klassischen Schema, der Motor befand sich vorn unter dem Fahrerhaus, das Getriebe und die Elemente der Kraftübertragung im hinteren Bereich unter der Pritsche. Der aus dem Panzerbau bekannte Motor W-2 kam in leistungsreduzierter Bauweise zum Einsatz, genauso wie zwei vom Kettentraktor S-80 entlehnte kombinierte Luftfilter. Die Kraftübertragung realisierten eine Mehrscheiben-Trockenkupplung, ein 5-Gang-Wechselgetriebe, zwei zweistufige Planetenlenkgetriebe mit Summenbandbremsen sowie zwei einstufige Seitenvorgelege. Die Seilwinde mit einer maximalen Zugkraft von 15 t wurde unter der Pritsche, mittig im Fahrzeug, angeordnet. Ihre horizontal liegende Seiltrommel nahm das 75 m lange Seil auf. In der geräumigen Ganzmetallkabine fanden sieben Personen Platz. Die kleine Ladefläche mit den Ausmaßen (L x B) 2530 x 2300 mm verfügte über abklappbare Sitzbänke, die hintere und die beiden seitlichen Bordwände konnten abgeklappt werden. Das Fahrgestell war so konstruiert, dass auf jeder Seite acht kleine Laufrollen das Gewicht des Kettenzugmittels gleichmäßig auf den Boden verteilten. Da jeweils zwei Laufrollen an einem drehstabgefederten, zweiarmigen Schwinghebel befestigt waren, konnte die Kette wirkungsvoll Bodenkontakt herstellen, was sich positiv auf die Bodenhaftung auswirkte. Die jeweils vier Stützrollen verhinderten ein zu starkes Durchhängen und ein Schlingern der Ketten.

In den Artillerie-, Flak- und Pioniereinheiten der NVA kam ab 1956 das mittlere Kettenzugmittel ATS zum Einsatz. Die Pioniertruppen nutzten die ATS mit angebauter Planiereinrichtung OST als Ersatz für noch fehlende Planierraupen, aber auch als Zugmittel für den Grabenpflug GP-60 oder PLT-60. In den Artillerieeinheiten zog das ATS die schweren 152-mm Kanonen, die 152-mm Haubitzen und die 152-mm Kanonen-Haubitzen. In den Flak-Einheiten dienten sie dem Transport der 100-mm Flak, der Geschützrichtstationen und Kommandogeräte. In der Version *ATS Spezial* nutzten die Luftstreitkräfte das Fahrzeug als Zug- und Montagemittel für die Sende- und Empfangskabinen verschiedener Funkmessstationen. Die Besonderheit war ein Montagekran auf der Ladefläche, der vor Ort entfaltet werden musste.

1964 wurde der bisherige Höchststand von 631 mitt-

Das mittlere Kettenzugmittel ATS, seine guten Fahreigenschaften und die hohe Zugkraft im Gelände zeichneten dieses Fahrzeug aus (linkes Bild). Das mittlere Kettenzugmittel ATS Spezial, der Montagekran auf der Ladefläche befand sich in Marschlage.

leren Kettenzugmitteln bestimmt. Mit Einführung des schweren LKW TATRA-813 ab 1968 wurde die ATS nach und nach verschrottet, hauptsächlich aber an die Volkswirtschaft abgegeben.

Einsatz des mittleren Kettenzugmittels ATS in der Melioration (Bild oben) und als Feuerlöschfahrzeug im Braunkohle-Tagebau.

Mittleres Kettenzugmittel ATS Objekt-712	
Einführungszeitraum	1956
Gefechtsmasse (t)	12
Abmessung L/B/H (mm)	5870 x 2570 x 2533
Spurweite (mm)	1900
Bodenfreiheit (mm)	400
Watfähigkeit (m)	1
Wenderadius (m)	3,5
Höchstgeschwindigkeit (km/h)	35
Steigfähigkeit (%)	55
Fahrbereich Str. / Gel. (km)	300 / -
Bezeichnung Motor	W-541
Typ Motor	4-Takt-Diesel / V12
Leistung (PS/kW)	415 / 305
Hubraum (l)	38,88
Kraftstoffvorrat gesamt (l)	420
Kühlung	Wasser / Lüfter
Federung	Drehstab

Mittleres Kettenzugmittel ATS-59

Das in der VR Polen auf der Grundlage von sowjetischen Lizenzen produzierte Kettenzugmittel löste ab 1966 teilweise das mittlere Kettenzugmittel ATS Objekt-712 und den schweren LKW KrAZ-255B ab. Von der Grundkonzeption ähnlich dem leichten Kettenzugmittel ATL (M), verfügte die ATS-59 über ein Laufrollen-Laufwerk mit fünf großen Laufrollen. Als Antrieb diente eine Modifikation des bekannten Panzermotors W-54T, der im Bug des Fahrzeuges, hinter dem Fahrerhaus, eingebaut war. Eine Welle übertrug das Drehmoment vom Motor über das Getriebe zum Planetenlenkgetriebe und weiter zu den Seitenvorgelegen. Direkt von der Motorkurbelwelle angetrieben, verfügte die ATS-59 über eine Seilwinde mit einer Zugkraft von 15 t. Die *Ausrüstungsnachweise* der Jahre 1967 und 1968 wiesen einen Bestand von 108 mittleren Kettenzugmitteln ATS-59 aus.

Belegt ist der Einsatz als Zugmittel für die 100-mm Flak K-19M2, für Elemente des Fla-Raketensystems S75 WOLCHOW und für das Spezial-Küstenartilleriesystem 4K87 SOPKA.

Das mittlere Kettenzugmittel ATS-59, heute noch auf Militärfahrzeugtreffen zu sehen.

Mittleres Kettenzugmittel ATS-59	
Einführungszeitraum	1966
Gefechtsmasse (t)	13
Abmessung L/B/H (mm)	6280 x 2780 x 2500
Spurweite (mm)	2200
Bodenfreiheit (mm)	425
Watfähigkeit (m)	1,1
Zugkraft max. (t)	13,6
Höchstgeschwindigkeit (km/h)	39
Steigfähigkeit (%)	35
Fahrbereich Str. / Gel. (km)	500 / 350
Bezeichnung Motor	A-650
Typ Motor	4-Takt-Diesel / V12
Leistung (PS/kW)	300 / 221
Hubraum (l)	38,88
Kraftstoffvorrat gesamt (l)	580
Kühlung	Wasser / Lüfter
Federung	Drehstab

Schweres Kettenzugmittel ATT

(АТТ – артиллерийский тягач тяжёлый = ATT – Artilleriezugmittel schwer)

Mit der Entwicklung schwerer Artilleriewaffen und neuer Raketensysteme wurde ab Ende der 1940er Jahre in der Sowjetunion ein Zugmittel benötigt, das unter allen klimatischen Bedingungen Anhängegeräte bis 25 t mit bis zu 35 km/h im Gelände ziehen konnte. Das Zugmittel sollte über eine Ladefläche für den Transport von bis zu 5 t schwerer Ausrüstung und Munition sowie über eine Seilwinde mit einer Zugkraft von 25 t verfügen. Das Fahrgestell sollte weiterhin in der Lage sein, spezielle Ausrüstungen wie Kofferaufbauten oder schweres Pioniergerät zu transportieren und einzusetzen. 1947 wurde der erste, unter der Bezeichnung Objekt 401 gefertigte, Prototyp im *Charkower Maschinenbauwerk FED (Харьковский машиностроительный завод ФЭД – Феликс Эдмундович Дзержинский = Charkower Maschinenbauwerk FED – Felix Edmundovich Dserschinski)* hergestellt.

In der NVA war das schwere Kettenzugmittel ATT als Zugmittel für schwere Artillerie und als Basisfahrzeug für schwere Pioniertechnik geplant.

Das Laufwerk, der Motor und die Elemente der Kraftübertragung wurden vom mittleren Panzer T-54 übernommen. Da die Wanne gedreht wurde, befanden sich Motor, Kupplung, Getriebe, Lenkgetriebe und Antriebsräder im Bug des Fahrzeuges, die Leiträder des Laufwerkes im Heck. Für die Konstruktion wurde das

Das schwere Kettenzugmittel ATT.

Fahrerhaus des mittleren LKW ZIS-150 bzw. ZIL-164 in verbreiterter Form genutzt, es bot vier Besatzungsmitgliedern Platz. Unter der Motorhaube waren Kühlanlage, Luftfilter und Nebenaggregate sowie der 12-Zylinder-Viertakt-Dieselmotor W-401 (eine leistungsreduzierte Variante des Panzermotors W-2) angeordnet. Zum Laufrollenlaufwerk gehörten fünf gummibandagierte Doppellaufrollen mit Drehstabfederung. Auf der hinter dem Fahrerhaus angeordneten Metallpritsche mit Plane konnten 5 t Last oder 16 Soldaten transportiert werden. Durch den Einsatz von 500 mm breiten Gleisketten wurde ein spezifischer Bodendruck von 0,65 kg/cm² erreicht. Eine Anhängerkupplung und eine Seilwinde mit einer Zugkraft von maximal 20 t ergänzten die Ausrüstung.

Schweres Kettenzugmittel ATT	
Einführungszeitraum	1958
Gefechtsmasse (t)	20
Abmessung L/B/H (mm)	6990 x 3170 x 2845
Spurweite (mm)	2640
Bodenfreiheit (mm)	425
Wattähigkeit (m)	1
Wenderadius (m)	2,64
Höchstgeschwindigkeit (km/h)	35,5
Steigfähigkeit (Grad)	25
Fahrbereich Str. / Gel. (km)	700 / -
Bezeichnung Motor	W-401
Typ Motor	4 Takt Diesel / V12
Leistung (PS/kW)	415 / 305
Hubraum (l)	38,88
Kraftstoffvorrat gesamt (l)	1415
Kühlung	Wasser / Lüfter
Federung	Drehstab

Da für die in der NVA eingesetzte schwere Artillerie das mittlere Kettenzugmittel ATS genügte, fand die ATT als Basisfahrzeug für verschiedene Pionierfahrzeuge, so für die Planierraupen BAT und BAT-M, die Grabenbagger BTM und BTM-3, die Grubenaushubmaschinen MDK-2 und MDK-2M sowie für die Funkmessstation P40 BRONJA Verwendung.

Kettentraktor S-80 und S-100

(трактор Сталинец-80 и Сталинец-100 = Traktor Stalinist-80 und Stalinist-100)

Den Auftrag zum Bau des Kettentraktors Stalinist-80 erhielt das Tscheljabinsker Traktorenwerk 1945, ein Jahr später wurde das erste Fahrzeug fertiggestellt. Der Stalinist-100 wurde ab 1956 entwickelt und ging 1958 in Serienproduktion. Im Zuge der Entstalinisierung ab 1958 wurde der Name Stalins aus den Modellbezeichnungen entfernt und die Traktoren S-80 und S-100 genannt. Beide Versionen waren im Aufbau gleich, sie unterschieden sich hauptsächlich in der Motorisierung (S-80 mit einem 80-PS Motor, S-100 mit einem 100-PS Motor). Beide Fahrzeuge gehörten zur Erstausstattung der NVA.

Der Aufbau des Kettentraktors S-100 folgte dem Schema: Motor mit seinen Anlagen im vorderen Teil, Getriebe mit Kettenantrieb und Kabine für den Fahrer im hinteren Teil. Die geschlossene Fahrerkabine bestand aus senkrechten, aus Blechen gefertigten, Seitenwänden mit großen Fenstern und einem Dach aus Holz, das mit einer Plane abgedeckt wurde. Der kompressorlose 4-Zylinder-Viertakt-Dieselmotor KDM-100 mit hoher Kompression erzeugte eine Leistung von 100 PS. Der 2-Zylinder Vergasermotor P-46 wurde zum Starten des Dieselmotors verwendet. Eine Zweischeiben-Trockenkupplung übertrug das Drehmoment vom Motor über eine Schwungscheibe zum Wechselgetriebe. Das Getriebe verfügte über fünf Vorwärts- und vier Rückwärtsgänge. Das Drehmoment wurde mit Hilfe eines Achstriebes zu den beiden Lenkkupplungen mit Bandbremsen und weiter über die beiden Seitenvorgelege zu den Antriebsrädern des Fahrwerks übertragen. Das Fahrwerk bestand aus zwei Kettendrehgestellen mit zwei Gleisketten und quer zur Fahrtrichtung liegenden Federungselementen. Zum Kettendrehgestell gehörten jeweils ein Rahmenlängsträger, der die Elemente des Laufwerkes aufnahm. Zum Laufwerk zählten fünf kleine Laufrollen, zwei Stützrollen, das Leit- und das Antriebsrad sowie eine Kettenspanneinrichtung. Der Kettentraktor nutzte einen starren vorderen Abschlepphaken und eine horizontal zu bewegende Anhängevorrichtung mit einer Zugkraft von 6000 kp. Die Kettentraktoren S-80 und S-100 wurden hauptsächlich als Zugmittel in Artillerieeinheiten und mit verschiedenen Anbaugeräten in Pioniereinheiten eingesetzt.

99 Planierraupen S-100 befanden sich laut dem *Plan der Verteilung, Zufuhr und Umsetzung von Bewaffnung und Ausrüstung für das Jahr 1965* im Bestand des Pionierwesens. Mit der Übernahme der Planierraupen BAT, BAT-M und der aus DDR-Produktion stammenden KT-50 erfolgte die Aussonderung und Umsetzung in die Volkswirtschaft der DDR.

1967 wurden die letzten zwei Kettentraktoren S-80, 1968 die letzten fünf Kettentraktoren S-100 abgegeben.

Werksfoto des Kettentraktors Stalinist-80.

Kettentraktor S-100	
Einführungszeitraum	S-100 ab 1959
Gefechtsmasse (t)	11,4
Bedienung	1
Abmessung L/B/H (mm)	4255 x 3260 x 3059
Spurweite (mm)	1880
Höchstgeschwindigkeit (km/h)	10,15
Bodenfreiheit (mm)	391
Zugkraft (t)	6
Bezeichnung Motor	KDM-100
Typ Motor	4-Takt-Diesel / R4
Leistung (PS/kW)	100 / 73
Hubraum (l)	13,53
Kraftstoffvorrat gesamt (l)	235
Kühlung	Wasser / Lüfter
Federung	Querschwingfedern

Kettentraktor T-100, T-100M, T-100MZ, T-100MGP und T-100MZGP

(трактор Т-100МГП – промышленная модификация с гидросистемой = Traktor T-100MGP – industrielle Modifikation mit einem Hydrauliksystem)

Der im Tscheljabinsker Traktorenwerk produzierte Kettentraktor **T-100** wurde ab 1963 gefertigt, er löste den Kettentraktor S-100 ab. Mit der Version **T-100M** kamen ab 1964 u.a. ein neues Fahrerhaus, die Windschutzscheiben wurden abgekippt, und ein 110 PS Motor zum Einsatz. Mit Hilfe einer hydraulischen Kupplungshilfe wurde der Kraftaufwand an den Lenkhebeln verringert. Ein Teil der ab 1964 gefertigten Kettentraktoren verfügten über ein speziell für den Einsatz von Planiereinrichtungen konzipiertes Hydrauliksystem und wurde unter der Bezeichnung **T-100MGP** geführt. Die ab 1973 gefertigten Kettentraktoren **T-100MZ** und **T-100MZGP** nutzten Baugruppen, die bereits seit 1969 im Kettentraktor T-130 Verwendung fanden, z.B.: die Hauptkupplung, die Seitenvorgelege und die Lenkung. Weiterhin fanden Änderungen am Motor, an der Kraftübertragung und am Fahrwerk statt. Der Aufbau der Kettentraktoren entsprach in Aufbau und Wirkungsweise dem des Kettentraktors S-100.

Die in der NVA eingesetzten Kettentraktoren T-100 und Versionen wurden hauptsächlich mit Planiereinrichtungen in den Pioniereinheiten eingesetzt.

Neben der Verwendung als Planierraupe kam der Kettentraktor T-100 als Zugmittel für die Planumsprofiliermaschinen PLM und RT, für den Traktor-Portalgleisverleger PB-2 und PB-3 sowie als Zugmittel für die seilmechanischen Anhängeschrapper D-222A und D-374 zum Einsatz.

Die Planumsprofiliermaschinen PLM und RT wurden in den Eisenbahn-Pioniertruppenteilen des Militärtransportwesens verwendet (Das Planum ist die eingeebnete Fläche für den Unter- oder Oberbau einer Straße oder Gleisanlage). Sie wurden gemeinsam mit anderen Gleisbaumaschinen eingesetzt und bildeten mit diesen eine technologische Kette zur Mechanisierung des militärischen Streckenbaus.

Die ab 1978 eingesetzte **Planumsprofiliermaschine RT** diente dem Verdichten des Gleisplanums. Dazu nutzte das Basisfahrzeug, ein Kettentraktor T-100M, vier Schlagkraftverdichter, die als Anbaugeräte über eine Zapfwelle angetrieben wurden. Die Leistung pro Schlagkraftverdichter erreichte bis 2800 kp bei einer Frequenz von 39 Hz, die Arbeitsgeschwindigkeit lag bei 300 m/h. Mit den aus der VR Ungarn importierten Anbaugeräten sollten neun Geräte ausgerüstet werden.

Ab 1980 wurde für das Herstellen des Bettungsfeinplanums im militärischen Streckenbau die **Planumsprofiliermaschine PLM** eingesetzt. Das Basisfahrzeug, ein Kettentraktor T-100M, wurde mit zwei Förderschnecken zum Herstellen des Planumsprofils für eine Arbeitsbreite von 3000 mm bestückt. Durch die große Genauigkeit beim Herstellen des Feinplanums von

Werksfotos des Kettentraktors T-100 (linkes Bild)) und der frühen Version des Kettentraktors T-100M.

+/- 15 mm entfiel die aufwendige manuelle Arbeit. Die Genauigkeit wurde durch ein Lasermessverfahren erreicht. Die NVA plante den Einsatz von 15 Geräten, die im FEW Blankenburg/ Harz gefertigt werden sollten. Der Kettentraktor T-100 und seine Versionen blieben bis zur Auflösung der NVA im Einsatz, insgesamt verfügte die NVA über 429 Stück.

Die späte Ausführung des Kettentraktors T-100M.

Kettentraktor		
Modell	T-100	T-100M
Gefechtsmasse (t)	11,4	11,1
Bedienung	1	1
Abmessung L/B/H (mm)	4255 x 2400 x 3059	4255 x 2460 x 3059
Kettenbreite (mm)	500	500
Auflagelänge Kette (mm)	2370	2370
Höchstgeschwindigkeit (km/h)	10	10
Bodenfreiheit (mm)	391	391
Zugkraft (t)	9	9,5
Bezeichnung Motor	KDM-10	D-108
Typ Motor	4-Takt-Diesel	4-Takt-Diesel
Anzahl/ Anordnung d. Zylinder	4 in Reihe	4 in Reihe
Leistung (PS/kW)	102 / 75	110 / 81
Hubraum (l)	4,31	38,88
Anlassmotor	P-46	P-46
Kraftstoffvorrat (l)	235	235
Kraftstoffverbrauch (g/PSh)	208	175
Kühlung	Wasser	Wasser

Kettentraktor T-130 und T-130M

Der erste Prototyp des Kettentraktors T-130 entstand 1961 im Tscheljabinsker Traktorenwerk. Der Traktor sollte die Lücke zwischen dem kleineren Traktor S-100/ T-100 und dem deutlich größeren T-140 schließen. Zu einer Serienfertigung kam es in den folgenden Jahren nicht. Erst nach Änderungen an Kabine und Karosserie sowie dem Einbau des 4-Zylinder-Viertakt-Dieselmotors D-130 mit 140 PS begann 1969 die Serienfertigung (bis 1983 wurde parallel der Kettentraktor T-100 gefertigt). 1981 wurde der Kettentraktor T-130 überarbeitet, er erhielt den 160 PS leistenden Motor D-160. 1988 wurde die Produktion des Kettentraktors T-130 zugunsten des Nachfolgers, dem Kettentraktor T-170, eingestellt.

Mit dem Kettentraktor T-130 erhielten die Pioniereinheiten Anfang der 1980er Jahre ein neues, leistungsfähiges Fahrzeug. Der Motor wurde vom Platz des Maschinisten aus angelassen. Die Kurbelwelle war mit den Laufketten-Triebrädern mechanisch verbunden. Die Kraftübertragung wurde mechanisch und mit der hydraulischen Lenk- und Kopplungshilfe gesteuert. Das zweisitzige Metallfahrerhaus war über der Kraftübertragung angeordnet. Der Kettentraktor war mit einer automatischen Tankvorrichtung, einem Vorwärmer und dem Anlassmotor PA-700, ein 2-Zylinder-Zweitakt-Vergasermotor, ausgerüstet. Der Anlassmotor übertrug die Drehbewegung mit Hilfe eines zweistufigen Planetengetriebes zum Hauptmotor. Der Dieselmotor mit Turbolader erreichte eine Leistung von 160 PS. Die mechanische mehrstufige Kraftübertragung bestand aus der Hauptkupplung, dem Wechselgetriebe mit Gangschaltung, den Achsantrieben, den Lenkkupplungen, den Bremsen und den Seitenvorgelegen. Zu jedem Laufwerk gehörten fünf Laufrollen, zwei Stützrollen, ein Leitrad und eine hydraulische Gleiskettenspannvorrichtung. Die Federung bestand aus einer quer angeordneten Blattfeder, die in der Mitte am Rumpf beweglich befestigt war.

Die USA erhielt von der BRD die Planierraupe T-130 mit Schwerlastanhänger P-50/80 und Zugmittel TATRA-813 für den Einsatz im ersten Golfkrieg.

Der Kettentraktor T-130 wurde als Planierraupe sowie als Basisfahrzeug für den Bettungspflug TDG-2 und für den Traktor-Portalgleisverleger PB-3M1 im Militärtransportwesen eingesetzt. Ab 1988 wurde der T-130M mit verbesserter Planiereinrichtung und einem elektrischen Anlasser eingeführt. 1990 verfügte die NVA über 97 Kettentraktoren T-130, die in den Einheiten der LaSK, der LSK/LV und den GT der DDR eingesetzt wurden.

Im Rahmen des ersten Golfkrieges 1991 übernahm die USA 25 Planierraupen T-130 mit Schwerlastanhänger und Zugmittel aus Beständen der aufgelösten NVA.

Kettentraktor T-130	
Einführungszeitraum	ab 1981
Gefechtsmasse (t)	14,3
Bedienung	1
Abmessung L/B/H (mm)	4393 x 2375 x 3078
Breite Planierschild (mm)	3200
Spurweite (mm)	1880
Planiereinrichtung	DZ-110A
Kettenabstand (mm)	2478
Höchstgeschwindigkeit (km/h)	12
Bodenfreiheit (mm)	407
Zugkraft (t)	9
Bezeichnung Motor	D-160
Typ Motor	4 Takt Diesel / R4
Leistung (PS/kW)	160 / 118
Hubraum (l)	13,53
Kraftstoffvorrat gesamt (l)	290
Kühlung	Wasser
Federung	Blattfederung

Traktor MTZ-80 BELARUS und Traktor MTZ-82 BELARUS

(МТЗ-80 Беларус – Минский тракторный завод-80 = MTZ-80 WEISSRUSSLAND – Minsker Traktorenwerk-80)

1966 erhielt das Minsker Traktorenwerk die Aufgabe, den bis dahin in großer Stückzahl gefertigten Traktor MTZ-50 weiterzuentwickeln und mit einem 75-80 PS-starken Motor auszurüsten. Rund 70 % des MTZ-50 fanden bei der Konstruktion des neuen Traktors Verwendung, überarbeitet wurden hauptsächlich das Design und der Motor. Der 4-Zylinder Viertakt-Dieselmotor D-240 mit Flüssigkeitskühlung erreichte bei einem Hubraum von 4,75 l eine Leistung von 80 PS/ 59,25 kW. Mit Hilfe des neuen Motors konnte die Geschwindigkeit von 19 km/h auf maximal 33 km/h gesteigert werden, was den Einsatz von Scheibenbremsen sinnvoll erscheinen ließ.

1972 wurde die Erprobung des neuen Traktors MTZ-80 abgeschlossen, 1974 begann die Serienproduktion. Neben dem, nur mit Hinterachsantrieb ausgestatteten Traktor MTZ-80, entwickelte das Minsker Traktorenwerk auch eine Allradversion, den Traktor MTZ-82. Bis 1979 nutzten beide Traktorenvarianten eine kleine Fahrerkabine, ab 1980 kam eine geräumigere, komfortablere Kabine mit größeren Fenstern zum Einsatz. Beide Traktoren basierten auf einem geschweißten Kastenrahmen und nutzten das klassische Design: Motor mit Kraftübertragung und kleine gelenkte Räder vorne, Fahrerkabine und sehr große Räder hinten. Als Wechselgetriebe kam ein Zahnradstufengetriebe zum Einsatz. Eine Hydraulikanlage diente der Bedienung verschiedener Anbaugeräte. Die Ausmaße des Traktors MTZ-80 (L x B x H) betrugen 3810 x 1970 x 2470 mm bei einer Masse von 5000 kg. Die Spurweite vorn/hinten betrug jeweils 1800 mm. Der Traktor MTZ-82 verfügte nicht nur über einen Allradantrieb, auch die Hydraulikanlage erfuhr eine Leistungssteigerung. Die Ausmaße des Traktors MTZ-82 (L x B x H) betrugen 3930 x 1970 x 2470 mm bei einer Masse von 5000 kg. Die Spurweite vorn/hinten betrug jeweils 1800 mm.
In der NVA kamen die Traktoren MTZ-80 und MTZ-82 als Basisfahrzeuge der Grabenfräse ETZ-165 und ETZ-165A zum Einsatz.

Der Traktor MTZ-80 BELARUS mit alter Fahrerkabine (oberes Bild) und der Traktor BELARUS MTZ-82 mit neuer, geräumiger Fahrerkabine.

Panzertechnik und Basisfahrzeuge zur Aufnahme von Nachrichtentechnik

1984 unterbreitete der Stellvertreter des Ministers und Chef der Landstreitkräfte den Vorschlag, *für Führungsorgane der Ebene Division und Regiment Nachrichtenstellen von Kraftfahrzeugen auf gepanzerte Basisfahrzeuge umzurüsten und für die MSR/PR Chiffrier- und Nachrichtenknoten auf SPW zu schaffen. Die erforderlichen SPW sollten aus Mobilmachungsreserven der 6. MSD entnommen bzw. von den im Jahre 1985 durch Neuzuführung freiwerdenden SPW bereitgestellt werden.* Dabei handelte es sich um Nachrichten-GS, die bereits auf Spezial-Kfz in den Nachrichteneinheiten im Einsatz waren. Aufgrund des gepanzerten Kampfraumes, der hohen Beweglichkeit im Gelände, der Schwimmfähigkeit und nicht zuletzt wegen der hermetisierbaren Wanne konnten diese Nachrichtenfahrzeuge in den Vorgeschobenen Gefechtsständen der Armeen/der Armeekorps, in den Vorgeschobenen Gefechtsständen der MSD/PD sowie in den Gefechtsständen der MSR/PR eingesetzt werden. Neben dem verbesserten Schutz für die Besatzungen konnte die Beweglichkeit der Nachrichtenzentralen erhöht und die Verwundbarkeit der Technik herabgesenkt werden. Die Vorbereitung der Umrüstung der SPW-60PB erfolgte in der Panzerwerkstatt-2, der Einbau der Nachrichtentechnik in der Nachrichtenwerkstatt-2.

Im Einzelnen kamen zum Einsatz:

- **im Vorgeschobenen Gefechtsstand der Armee/ des Armeekorps:**
  - SAS-Fernschreib-GS P-238BT
  - SAS-Fernsprech-GS P-240BT
  - Funk-GS KW R-140BM
- **im Vorgeschobenen Gefechtsstand der MSD/ PD**
  - SAS-Fernschreib-GS P-241BT
  - SAS-Fernsprech-GS P-240BT
  - Funk-GS UKW R-137B
  - Funk-GS KW R-140BM
  - Richtfunk-GS UKW/DM R-409BM
- **im Gefechtsstand der MSR/ PR**
  - Funk-GS KW R-156B
  - Nachrichtenzentrale (B) MSR/ PR

Bf SPW-152N des Funk-GS KW R-118AM

Aufbauend auf dem SPW-152W1 wurde ab 1959 der SPW-152N als gepanzerte, fahrbare Funkstation mittlerer Leistung in den Führungsebenen ab MSR/PR, u.a. in Vorgeschobenen Gefechtsständen, eingesetzt.
Die Seitenwände der Wanne wurden nach oben verlängert und der Kampfraum geschlossen. Im Geräteraum waren der Sender KW R-118BM und die Empfänger KW R-154-2M und R-311 untergebracht, auf dem Wannendach befand sich eine lange, schmale wasserdicht-verschließbare Kiste zur Aufnahme der Antennenelemente. Zur Ausrüstung des SPW-152N gehörten das Nachtsichtgerät für den Fahrer TWN-1 oder TWN-2, der große Entgiftungssatz-10 sowie das Panzerfunkgerät R-118BM. Der Aufbau des SPW war durch einen Vorhang in den Fahrer- und den Geräteraum getrennt. Der Empfänger R-311, das Bedienpult und das Funkgerät UKW R-105D für die Fernbedienung waren auf einem Tisch an der rechten Seite im Geräteraum befestigt. Die Durchgangsisolatoren für die Dipol- und Langdrahtantennen befanden sich an der linken Seitenwand, der Anschluss der Stabantenne war auf dem Dach des SPW-152N angeordnet.
Mit der Funkausrüstung erfolgte die Verbindungsaufnahme ohne Suchen der Gegenstelle, die Herstellung von Sprech-, Tastfunk- und Funkfernschreibverbindungen sowie die Fernbedienung über Draht- und Funkmittel. Zur Ausrüstung gehörten eine Dipol-, eine 4-m Stab- und eine 10-m Halbteleskopantenne, mit denen

Reichweiten in der Bewegung bis 30 km und im Stand bis 600 km möglich waren. Für einen optimalen Empfang kamen jeweils eine 15-m und eine 150-m Langdrahtantenne zum Einsatz. Die Energieversorgung erfolgte über ein Aggregat AB2-0/230, das auf einem Einachs-Anhänger transportiert wurde. Bis 1963 war der Bestand auf 48 Funk-GS KW R-118AM auf SPW-152N angestiegen. Für den Einsatz in den LSK/LV wurden zehn SPW-152N mit einem Flugfunkgerät R-800 ausgerüstet, sie stellten u.a. die Verbindung zu den Funknetzen der LaSK sicher.

Ab 1975 begann die Aussonderung, die Nachrichtenausrüstung wurde zur Ersatzteilgewinnung verwendet, die Basisfahrzeuge im *Zentralen Gerätelager Ostritz* und im *Panzergerätelager-2* verschrottet. 1978 waren sämtliche SPW-152N ausgesondert. Ein Fahrzeug erhielt das Armeemuseum der DDR in Dresden, wo es bis 1990 auf dem Freigelände zu sehen war.

Der SPW-152N in Gefechtslage, die Antennenelemente wurden auf dem Fahrzeugdach transportiert, das Elektroaggregat auf Einachs-Fahrgestell war angehängt.

Der SPW-152N auf dem Außengelände des Armeemuseums der DDR in Dresden 1989.

Bf SPW-152N des Funk-GS KW R-118AM	
Einführungszeitraum	1959 - 1961
Gefechtsmasse (t)	8,8
Besatzung	4
Abmessung L/B/H (mm)	6830 x 2320 x 2350
Bodenfreiheit (mm)	300
Hersteller	UdSSR
Basis	SPW-152W1
Watfähigkeit (m)	0,8
Fahrbereich Str./Gel.(km)	425 / 350
Höchstgeschwindigkeit (km/h)	45
Steigfähigkeit (Grad)	30
Bezeichnung Motor	ZIL-123W
Typ Motor	4-Takt-Otto / R-6
Leistung (PS/kW)	110 / 81
Hubraum (l)	5,55
Kraftstoffvorrat gesamt (l)	340
Kühlung	Wasser / Lüfter
Federung	Blattfedern

Bf SPW-60PB des SAS-Fernschreib-GS P-238BT

(ЗАС – Засекречивающая Аппаратура Связи = SAS – Verschlüsselungsapparatur für Telefonverbindungen)

Der SAS-Fernschreibgerätesatz P-238BT auf SPW-60PB diente dem schnellen Herstellen standhafter gedeckter Fernschreibkanäle. Der Gerätesatz kam als Bestandteil der Nachrichtenzentrale der Armee (Militärbezirk) im Vorgeschobenen Gefechtsstand zum Einsatz. 1985 erfolgte die Umrüstung von zwei SPW-60PB zu SAS-Fernschreib-GS P-238BT. Durch den Umbau wurde die Turmbewaffnung entfernt, das SAS-Fernschreibgerät T-206MT, zwei Fernschreibmaschinen F-1301, ein UKW-Panzerfunkgerät R-123MT, ein KW-Funkempfänger R-326 und das WT-Gerät P-317 im Kampfraum verbaut und auf dem Heck des Wannendaches das absetzbare Elektroaggregat AB2-0/230-M1 befestigt. Das transportable SAS-Fernschreibgerät T-206MT diente dem automatischen Ver- und Entschlüsseln von Fernschreibsignalen bei einer Übertragungsgeschwindigkeit von 50 oder 75 Baud (Baud, Bd, ist die Einheit für die Schrittgeschwindigkeit in der Nachrichten- und Fernmeldetechnik, 1 Bd ist die Geschwindigkeit, bei der ein Symbol pro Sekunde übertragen wird). Durch den Einsatz des Gerätes T-206MT konnte die Informationsdichte bei der Übertragung von Fernschreibsignalen erhöht, die Ausfall- und Instandsetzungsquote gesenkt sowie die Vereinfachung der Bedienung erreicht werden. Das WT-Gerät P-317 (WT – Wechselstromtelegrafie) diente der Mehrfachausnutzung von Fernschreibkanälen bei einer Telegrafiergeschwindigkeit von 75 Bd, es ermöglichte die Sicherstellung eines Fernschreibkanales bei gleichzeitiger Beibehaltung einer Fernsprechverbindung. Der KW-Funkempfänger R-326 nutzte für die Arbeit im Frequenzbereich von 1,0 bis 20,0 MHz eine 4-m Stabantenne.

Bf SPW-60PB des SAS-Fernschreib-GS P-238BT	
Umrüstungszeitraum	1985
Gefechtsmasse (t)	10,715
Besatzung	5
Abmessung L/B/H (mm)	7220 x 2814 x 2800
Bodenfreiheit (mm)	465
Hersteller	UdSSR
Basis	SPW-60PB
Watfähigkeit (m)	schwimmfähig
Fahrbereich Str./Gel.(km)	500 / 340
Höchstgeschwindigkeit (km/h)	80
Steigfähigkeit (Grad)	30
Bezeichnung Motor	2 x GAZ-49B
Typ Motor	4-Takt-Otto / R-6
Leistung (PS/kW)	90 / 66
Hubraum (l)	3,48
Kraftstoffvorrat gesamt (l)	380
Kühlung	Wasser / Lüfter
Federung	Drehstab

Der SAS-Fernschreib-GS P-238BT in Marsch- und in Gefechtslage mit abgesetztem Elektroaggregat (unteres Bild).

Bf SPW-60PB des SAS-Fernsprech-GS P-240BT

Der SAS-Fernsprechgerätesatz P-240BT auf SPW-60PB wurde als Element einer Feld-Nachrichtenzentrale zur schnellen Bildung standhafter, offener und gedeckter Fernsprechkanäle vom Vorgeschobenen Gefechtsstand der Armee zum Gefechtsstand der Armee bzw. des Armeekorps eingesetzt. Der SAS-Fernsprech-GS P-240BT bildete gemeinsam mit dem SAS-Fernschreib-GS P-241BT den Kern der NZ des Vorgeschobenen Gefechtsstandes der Armee und gewährleistete den schriftlichen Informationsaustausch über Draht-, Richtfunk- und Funkkanäle zu den Gefechtsständen der Armee / Armeekorps.

1985 wurden sechs Gerätesätze umgerüstet, bei den Basisfahrzeugen wurde die Turmbewaffnung ausgebaut und auf dem Heck das Stromversorgungsaggregat AB2-0/230M1 aufgesetzt. Zur Hauptausrüstung des SAS-Fernsprech-GS P-240BT zählten ein UKW/DM Richtfunkgerät R-405, ein SAS-Fernsprechgerät T-217, ein KW-Funkempfänger R-326, ein TF-Gerät P-309-1, ein WT-Gerät P-317, eine OB-Fernsprechvermittlung P-194M1, eine SAS-Fernsprechvermittlung KTF 5/10 sowie 16 Feldfernsprecher. Für die Sicherstellung der Nachrichtenverbindungen kamen eine Kreuz-Yagi- und eine Z-Antenne mit Reflektor, eine 1,5-m und eine 4-m Stabantenne sowie ein Halbteleskopmast in die Ausrüstung.

Bf SPW-60PB des SAS-Fernsprech-GS P-240BT	
Umrüstungszeitraum	1985
Gefechtsmasse (t)	11,087
Besatzung	3
Abmessung L/B/H (mm)	7220 x 2814 x 3340
Bodenfreiheit (mm)	460
Hersteller	UdSSR
Basis	SPW-60PB
Watfähigkeit (m)	schwimmfähig
Fahrbereich Str./Gel.(km)	500 / 340
Höchstgeschwindigkeit (km/h)	80
Steigfähigkeit (Grad)	30
Bezeichnung Motor	2 x GAZ-49B
Typ Motor	4-Takt-Otto / R-6
Leistung (PS/kW)	90 / 66
Hubraum (l)	3,48
Kraftstoffvorrat gesamt (l)	380
Kühlung	Wasser / Lüfter
Federung	Drehstab

SAS-Fernsprech-GS P-240BT.

Bf SPW-60PB des SAS-Fernschreib-GS P-241BT

Der SAS-Fernschreib-GS P-241BT bildete mit dem SAS-Fernsprech-GS P-240BT den Kern der Nachrichtenzentrale im Vorgeschobenen Gefechtsstand einer Division und gewährleistete den gedeckten schriftlichen Informationsaustausch über Draht-, Richtfunk- und Funkkanäle zu den Führungsstellen der Vorgesetzten und zwischen den Führungsstellen der Divisionen.

1985 wurden sechs SPW-60PB durch den Einbau von drei Fernschreibmaschinen F-1301, einem UKW/DM Richtfunkgerät R-405, einem UKW-Panzerfunkgerät R-123MT, einer Fernsprechvermittlung P-193, einem WT-Gerät P-317 und einem Chiffriergerät M-125 zu SAS-Fernschreib-GS P-241BT umgerüstet. Dazu fiel die Turmbewaffnung weg, ein Teil der Nachrichtenausrüstung und das absetzbare Elektroaggregat AB2-0/230-M1 fanden auf der Wanne Platz. Als Antennen kamen eine Kreuz-Yagi-, eine Winkelreflektor- und eine Kulikowantenne mit Gegengewicht sowie eine 1,5- und eine 4-m Stabantenne zum Einsatz. Das UKW/DM Richtfunkgerät R-405 arbeitete im Frequenzbereich UKW - 60,0 bis 69,975 MHz und DM - 390,0 bis 420,0 MHz und deckte Reichweiten bis 50 km ab.

Die Besatzung setzte sich aus dem Truppführer, einem Betriebsmechaniker, einem SAS-Fernschreiber und dem Fahrer/SAS-Fernschreiber zusammen. Der Einsatz des SAS-Fernschreib-GS erfolgte von den Nachrichtenbataillonen der jeweiligen Division aus.

Der SAS-Fernschreib-GS P-241BT.

Bf SPW-60PB des Funk-GS UKW R-137B

Der Funkgerätesatz R-137B auf SPW-60PB wurde zur Sicherstellung und Erhöhung der Standhaftigkeit der gedeckten Führungsverbindungen im UKW-Bereich eingesetzt. Der Funkgerätesatz konnte auch als Zwischenstation zur Überbrückung mittlerer Entfernungen zwischen der Führungsstelle des Divisionskommandeurs und der Nachrichtenzentrale der Armee eingesetzt werden. Zur Ausrüstung gehörte der UKW-Sender R-137, der KW/UKW-Empfänger R-155U, der UKW-Empfänger R-323 sowie ein Elektroaggregat AB4-T/230-M1, das auf dem Fahrzeugheck befestigt war. Eine Korb-, eine 3-m und zwei 4-m Stabantennen sowie ein 16,5-m Kurbelteleskopmast sicherten die Arbeit der Funkgeräte ab. Das UKW-Funkgerät R-137 arbeitete im Frequenzbereich von 20,0 bis 29,9999 MHz und hielt Verbindungen bis ca. 80 km.

1985 wurden 19 SPW-60PB zu Funk-GS UKW R-137BT umgerüstet.

Bf SPW-60PB des Funk-GS UKW R-137B	
Umrüstungszeitraum	1985
Gefechtsmasse (t)	11,15
Besatzung	3
Abmessung L/B/H (mm)	7220 x 2814 x 3240
Bodenfreiheit (mm)	457
Basis	SPW 60PB
Watfähigkeit (m)	schwimmfähig
Fahrbereich Str./Gel.(km)	500 / 340
Höchstgeschwindigkeit (km/h)	80
Steigfähigkeit (Grad)	30
Bezeichnung Motor	2 x GAZ-49B
Typ Motor	4-Takt-Otto / R-6
Leistung (PS/kW)	90 / 66
Hubraum (l)	3,48
Kraftstoffvorrat gesamt (l)	380
Kühlung	Wasser / Lüfter
Federung	Drehstab

Der Funk-GS UKW R-137B.

Bf SPW-60PB des Funk-GS KW R-140BM

Der Funkgerätesatz KW R-140BM auf SPW-60PB diente der Herstellung und dem standhaften Halten gedeckter KW-Verbindungen. Er befand sich in den Vorgefechtsständen der Armeen und der MSD/PD. Die Bewaffnung des Turmes entfiel, auf dem Fahrzeug wurden mehrere Staukisten für die Ausrüstung aufgebaut. Zur Hauptausstattung gehörten der KW-Sender R-140, der KW-Funkempfänger EKD-315 und der KW-Funkempfänger R-326 sowie ein auf dem Fahrzeugheck aufgesetztes Elektroaggregat AB4-T/230-M1. Für die Arbeit der Funkgeräte wurden zwei schwenkbare 4-m Stabantennen, eine 2 x 11-m und eine 2 x 40-m T-Antenne sowie eine 11-m Stabantenne auf Halbteleskopmast benötigt. Der KW-Sender R-140 arbeitete im Frequenzbereich von 1,500 bis 29,9999 MHz und hielt Verbindungen bis 300 km, der KW-Funkempfänger EKD-315 im Bereich 0,014 bis 29,9999 MHz und der KW-Funkempfänger R-326 im Bereich 1,000 bis 20,0000 MHz.

Die acht benötigten Gerätesätze wurden 1985 umgerüstet, zwei Austausch-GS folgten 1986.

Funk-GS KW R-140BM.

Bf SPW-60PB des Funk-GS KW R-140BM	
Umrüstungszeitraum	1985
Gefechtsmasse (t)	10,87
Besatzung	3
Abmessung L/B/H (mm)	7220 x 2814 x 2775
Bodenfreiheit (mm)	457
Basis	SPW-60PB
Watfähigkeit (m)	schwimmfähig
Fahrbereich Str./Gel.(km)	500 / 340
Höchstgeschwindigkeit (km/h)	80
Steigfähigkeit (Grad)	30
Bezeichnung Motor	2 x GAZ-49B
Typ Motor	4-Takt-Otto / R-6
Leistung (PS/kW)	90 / 66
Hubraum (l)	3,48
Kraftstoffvorrat gesamt (l)	380
Kühlung	Wasser / Lüfter
Federung	Drehstab

Bf SPW-60PB des Funk-GS KW R-156B

Der Funkgerätesatz KW R-156B auf SPW-60PB stellte die Funkverbindungen zwischen den Gefechtsständen der MSD oder PD und den Gefechtsständen der unterstellten MSR/PR sicher. Er gewährleistete die Sicherstellung eines gedeckt arbeitenden Fernsprechkanals in den Einheiten der Landstreitkräfte. Die Gerätesätze wurden komplett aus der UdSSR bezogen. Am Basisfahrzeug wurden einige Veränderungen vorgenommen.

Einzelne SPW-60PB verfügten über eine zusätzliche Nahkampfluke im Bug, da die Besatzung nur die persönlichen Waffen für den Selbstschutz einsetzen konnte.

So fiel der Turm komplett weg. Auf dem Fahrzeugdach wurden mehrere Behälter mit Zubehör aufgebaut, eine abklappbare U-förmige Antenne stellte die Funkverbindungen sicher. Das KW-Funkgerät R-156 arbeitete im Frequenzbereich 1,50 bis 30,00 MHz. 1986 erhielt die NVA die 25 benötigten Funk-GS KW R-156B.

Der Funk-GS KW R-156B, markant die aufgeklappte Bügelantenne auf dem Fahrzeugdach.

Bf SPW-60PB des Richtfunk-GS UKW/DM R-409BM

Der Richtfunkgerätesatz UKW/DM R-409BM auf SPW-60PB wurde zur Sicherstellung von Nachrichtenkanälen zwischen dem Vorgeschobenen Gefechtsstand und dem Gefechtsstand der MSD/PD eingesetzt. Der Turm mit Turmbewaffnung wurde entfernt, die Öffnung durch ein Panzerblech mit aufgesetzter Transportkiste verschlossen. Jeweils zwei Richtfunkgeräte R-409 und TF-Geräte P-303/6 sowie die spezielle Antennenanlage und das auf dem Fahrzeugheck aufgesetzte Elektroaggregat AB 2-0/230M1 gehörten zur Ausrüstung. Das Richtfunkgerät UKW/DM R-409 arbeitete im Frequenzbereich 60,0 bis 480,0 MHz und verfügte über 1200 Arbeitsfrequenzen. Mit mehreren Relaisstellen konnte eine Reichweite von bis zu 250 km erzielt werden. Für die Arbeit der Funkgeräte kamen eine logarithmisch-periodische Antenne, zwei Z-Antennen mit Reflektor und zwei 4-m Stabantennen sowie ein 16,5-m und ein 19-m Kurbelteleskopmast zum Einsatz. 1985 erfolgte die Umrüstung der acht benötigten Gerätesätze.

Bf SPW-60PB des Richtfunk-GS UKW/DM R-409BM	
Umrüstungszeitraum	1985
Gefechtsmasse (t)	11,03
Besatzung	3
Abmessung L/B/H (mm)	7220 x 2814 x 3470
Bodenfreiheit (mm)	465
Hersteller	UdSSR
Basis	SPW 60PB
Watfähigkeit (m)	schwimmfähig
Fahrbereich Str./Gel.(km)	500 / 340
Höchstgeschwindigkeit (km/h)	80
Steigfähigkeit (Grad)	30
Bezeichnung Motor	2 x GAZ-49B
Typ Motor	4-Takt-Otto / R-6
Leistung (PS/kW)	90 / 66
Hubraum (l)	3,48
Kraftstoffvorrat gesamt (l)	380
Kühlung	Wasser / Lüfter
Federung	Drehstab

Der Richtfunk-GS UKW/DM R-409BM in Marschlage, das untere Bild entstand 1984 nach der Umrüstung in der Nachrichtenwerkstatt-2.

Bf SPW-60PB der Nachrichtenzentrale (B) MSR/PR

Die Nachrichtenzentrale (B) fand auf dem Gefechtsstand der MSR/PR Verwendung, sie vereinte in sich einen mobilen Richtfunk- und einen Chiffriergerätesatz. Sie hatte die gedeckten und offenen Nachrichtenverbindungen, die Aufnahme von Richtfunk-, Draht- und Funkkanälen zu den Gefechtsständen der Divisionen und die Bearbeitung des schriftlichen, offenen oder gedeckten Informationsaustausches sicherzustellen. Entsprechend der komplexen Aufgabenstellung verfügte die Nachrichtenzentrale über ein UKW/DM Richtfunkgerät R-405M, zwei UKW-Panzerfunkgeräte R-123M, ein SAS-Fernsprechgerät T-217, einen elektronischen Fernschreiber F-1301 sowie eine OB-Fernsprechvermittlung OB-62/20. Die Turmbewaffnung wurde ausgebaut, Kabeltrommeln für die OB-Fernsprechvermittlung, weitere Staukästen auf dem Wannendach montiert. Der Aufbau des Elektroaggregats AB2-0/230-M1 gehörte ebenfalls zu den Umrüstungsmaßnahmen. Weiterhin zählten eine Kreuz-Yagi-, eine Winkelreflektor-, eine 4-m Stab-, eine Kulikowantenne mit Gegengewichten sowie die Rundstrahlantennen DM und UKW zur Ausrüstung. Mit dem UKW/DM Richtfunkgerät R-405M konnten Verbindungen bis 50 km sichergestellt werden.

Die NVA verfügte in den 1980er Jahren über sechs Kampfdivisionen (14 MSR und 10 PR). Die für die Ausrüstung der MSR/PR benötigten 24 Nachrichtenzentralen (B) zuzüglich einer für die Volksmarine wurden zwischen 1985 und 1988 gefertigt.

Die Nachrichtenzentrale (B) MSR/PR mit Winkelreflektorantenne, am Heck die Halterungen mit Kabeltrommeln für die OB-Fernsprechvermittlung OB-62/20.

Bf SPW-60PB des Leitungsbau-GS und des Stromversorgungs-GS

Von beiden Gerätesätzen, dem Leitungsbau-GS und dem Stromversorgungs-GS, wurde jeweils ein Exemplar beim Bedarfsträger Nachrichten geführt. Beide Systeme wurden auf ihre Verwendungsfähigkeit in den Nachrichteneinheiten hin geprüft. Im *Jahresverteilungsplan für Kampftechnik, Bewaffnung und Hauptarten der Ausrüstung für 1990* (vom November 1989) wurden für beide Militärbezirke jeweils sieben SPW-60PB zur Ausrüstung als Stromversorgungs- und Leitungsbau-GS ausgewiesen.

Der Stromversorgungs-GS sollte vermutlich zur Sicherstellung der Stromversorgung der Nachrichtenzentralen im Gefechtsstand oder Vorgeschobenen Gefechtsstand der Armee eingesetzt werden. Dazu besaß der Gerätesatz ein Benzin-Elektroaggregat, dass im Fahrzeug untergebracht war. Typisch für dieses Fahrzeug war ein Schlauch, der die Abgase des Elektroaggregates in eine mit Wasser gefüllte Tonne ableitete.

Der Leitungsbau-GS (LBGS) war für die offene Verlegung von Feldkabeln in allen Gefechtsarten, auch in kontaminierten Geländeabschnitten, vorgesehen. Dazu befanden sich am Turm, die Waffen waren ausgebaut und die Öffnung verschlossen, zwei Kabelhalterungen, von denen aus das Feldkabel abgespult wurde. Im Kampfraum befanden sich rechts und links, je ein Regal mit 15 Aufnahmen für Kabeltrommeln.

Der Leitungsbau-GS auf SPW-60PB, typisch der Arm der Kabelverlegeeinrichtung an der rechten Heckseite, in Arbeitslage abgeklappt (oberes Bild).

Bf SPW-60PB des Leitungsbau-GS	
Gefechtsmasse (t)	10,1
Abmessung L/B/H (mm)	7220 x 2814 x 2410
Bodenfreiheit (mm)	457
Watfähigkeit (m)	schwimmfähig
Fahrbereich Str./Gel.(km)	500 / 340
Höchstgeschwindigkeit (km/h)	80
Steigfähigkeit (Grad)	30
Bezeichnung Motor	2 x GAZ-49B
Typ Motor	4-Takt-Otto / R-6
Leistung (PS/kW)	90 / 66
Hubraum (l)	3,48
Kraftstoffvorrat gesamt (l)	380
Kühlung	Wasser / Lüfter
Federung	Drehstab

Bf T-180 des Fernmeldekabelverlege-GS SKZ

(SKZ – schwerer Kabellegezug)

Ab 1976 wurde für das vollmechanisierte, offene bzw. verdeckte Verlegen von Fernmeldekabeln oder flexiblen Rohren der Fernmeldekabelverlege-GS SKZ eingesetzt. Zum Gerätesatz gehörten zwei Kettentraktoren T-180G, ein Kabelleger und ein Kabellegeanhänger. Die beiden Kettentraktoren T-180G wurden mit Hilfe einer Panzertrosse als kompaktes Zugmittel verbunden. Sie zogen den Verbund aus Einachs-Kabelleger und Kabellegeanhänger. Die Ausmaße des T-180G (L x B x H) lagen bei 5420 x 2740 x 2825 mm mit einer Masse von 14,35 t. Mit einem 180 PS leistenden 6-Zylinder-Viertakt-Dieselmotor entwickelte das Zugmittel eine Zugkraft von rund 14 Mp, was eine Arbeitsgeschwindigkeit von ca. 3 bis 12 km/h erlaubte. Das erste Zugmittel verfügte am Bug über eine spezielle Halterung für den Transport einer Kabeltrommel.

Werksfoto des Kettentraktors T-180G.

Der Kabelleger (Baujahr 1969) benutzte einen hydraulischen Pflug, der in einer Legetiefe von 700 bis 1000 mm ein Kabel mit einem Durchmesser von 85 mm oder zwei Kabel mit einem Durchmesser von je 80 mm verlegte. Er nutzte einen Einachs-Anhänger als Basis, seine Ausmaße (L x B x H) betrugen 7000 x 2500 x 3150 mm bei einer Masse von 5100 kg.

Als Kabellegeanhänger wurde ein Zweiachs-Anhänger mit einer Traglast von 5 t eingesetzt, der zwei Kabeltrommeln transportieren konnte.

Die einzeln verlegten Kabel wurden verlötet, isoliert und anschließend mit Hilfe eines Druckluftprüf-GS auf Dichtheit überprüft. Somit konnten isolationsgeminderte Kabel ausgetrocknet werden. Gleichzeitig wurde das Eindringen von Feuchtigkeit in die Kabel verhindert. Für das Zuschütten der belegten Kabelgräben wurde ein Kettentraktor T-100M mit einem V-förmigen Spezial-Schiebeschild eingesetzt.

Die NVA meldete einen Bedarf von drei SKZ an. Die Zugmittel kamen aus der UdSSR, die beiden Anhängegeräte wurden in der DDR gefertigt. Zum Einsatz kam der Fernmeldekabelverlege-GS im Nachrichten-Instandsetzungs-Regiment-7202, das in Friedenszeiten dem Ministerium für Post- und Fernmeldewesen unterstand.

Der Fernmeldekabelverlege-GS SKZ in Arbeitslage (linkes Bild) und der Kabelleger. Im Behälter links neben dem Rad des Kabellegers war die Hydraulikpumpe mit Motor untergebracht.

Panzertechnik zur Aufnahme von Führungstechnik

Bf SPW-152W1 als Führungsstelle

Neben der Verwendung als Mannschaftstransportmittel kamen SPW-152W1 auch als Führungsfahrzeuge zum Einsatz. Sie wurden als SPW-152W1 importiert und in den Panzerwerkstätten der NVA als **Führungsfahrzeug SPW-152W1 (S)** für die Stäbe der Mot-Schützen- und Panzerbataillone der MSD umgerüstet. Neben der zusätzlichen Funkausrüstung, die aus einem tragbaren Funkgerät UKW R-105, einem tragbaren Funkgerät UKW R-105 mit Leistungsverstärker UM1 und einem Empfänger R-311 bestand, gehörte ein Arbeitstisch zur Ausrüstung. Durch den Einsatz eines Leistungsverstärkers UM1 mit einem 11-m Teleskopmast konnte die auf bis zu 25 km begrenzte Sendereichweite des Funkgerätes auf 40 km erhöht werden. Für das ab 1964 eingesetzte Führungsfahrzeug wurde ein Bedarf von 60 Fahrzeugen ermittelt, wobei u.a. für jedes MSB/MSD und für jedes PB/MSD ein SPW-152W1 (S) geplant wurde.

Bf SPW-152W1 als Führungsstelle	
Umrüstungszeitraum	1964
Gefechtsmasse (t)	8,95
Besatzung	6
Abmessung L/B/H (mm)	6830 x 2320 x 2050
Bodenfreiheit (mm)	300
Basis	SPW-152W1
Panzer-MG	SGMB 7,62
Kampfsatz Hauptbewaffnung	1250
Watfähigkeit (m)	0,8
Fahrbereich Str./Gel.(km)	425 / 350
Höchstgeschwindigkeit (km/h)	75
Steigfähigkeit (Grad)	30
Bezeichnung Motor	ZIL-123W
Typ Motor	4-Takt-Otto / R-6
Leistung (PS/kW)	110 / 81
Hubraum (l)	5,55
Kraftstoffvorrat gesamt (l)	340
Kühlung	Wasser / Lüfter
Federung	Blattfedern

Ein SPW-152W1 (S) mit zusätzlicher Nachrichtenausrüstung.

Der **SPW-152W1 (BBS)** wurde als Batterie-Befehlsstelle in den Fla-SFL-Batterien der PR/MSD eingesetzt. Die vier für den Einsatz vorbereiteten SPW wurden 1964 in den Panzerwerkstätten der NVA mit einem Arbeitstisch, einer Luftlagekarte und drei tragbaren Funkgeräten UKW R-109 (ein Funkgerät UKW R-109 verfügte über einen Leistungsverstärker UM1) nachgerüstet.
Ausgerüstet mit speziellen optischen Beobachtungsgeräten, einem tragbaren Feuerleitgerät und Artilleriehilfsmitteln kam der **SPW-152W1 (ABS)** als Artillerie-Beobachtungsstelle in Artillerieeinheiten zum Einsatz. Die Führungsfahrzeuge besaßen mehrere zusätzliche Funkgeräte und Arbeitsplätze für Kommandeure und Stabsoffiziere, waren aber äußerlich von den Normalversionen kaum zu unterscheiden.
Nachdem der SPW-152W1 durch den Einsatz des SPW-60PB in die Mob-Einheiten umgesetzt wurde, konnte er als Führungsfahrzeug auch in anderen Einheiten, u.a. in den Raketenabteilungen der Mob-Divisionen, Verwendung finden.

Der SPW-152W1 als Führungsfahrzeug in einer taktischen Raketenabteilung (linkes Bild) und als SPW-152W1 (ABS). Der Batterieoffizier hatte sein Feuerleitgerät entfaltet, dahinter das entfaltete Entfernungsmessgerät OEM-2.

Bf SPW-60PB der Batterie-Befehlsstelle

Die Batterie-Befehlsstelle (BBS) auf SPW-60PB fand ab 1970 in den Fla-SFL-Batterien der PR und MSR der PD/MSD sowie in Schulen und Ausbildungseinheiten Verwendung. Ihr Einsatz als Befehlsstelle des Batteriechefs wurde aufgrund der Einführung der hochbeweglichen und mit einer Kernwaffenschutzanlage ausgerüsteten 23-mm Fla-SFL SCHILKA notwendig.

Die BBS diente der Führung der Fla-SFL-Batterien im Stand und in der Bewegung. Dazu kamen zwei UKW-Panzerfunkgeräte R-123, drei UKW-Funkgeräte R-109 (ein UKW-Funkgerät R-109 verfügte über einen Leistungsverstärker UM2), ein KW-Empfänger R-311, ein UKW-Empfänger R-312 und drei zusätzliche Antennenfüße zum Einsatz. Mit Hilfe der umfangreichen Nachrichtenausrüstung konnte die Fla-SFL-Batterie geführt, zugeordnete Funkmessstationen kontaktiert, Wettermeldungen und Zielzuweisungen empfangen und Kontakt zum Leiter TLA des PR/MSR unterhalten werden. Nachtsichtgeräte für Fahrer und Kommandant, ein Kernstrahlungswarngerät und ein Arbeitstisch komplettierten die Ausrüstung.

Die Umrüstung fabrikneuer SPW-60PB in BBS begann 1970 in NVA-Werkstätten, die ersten drei Fahrzeuge wurden in der 8. MSD eingesetzt. Bis 1975 folgten weitere 22 Fahrzeuge. Ihre taktisch-technischen Angaben entsprachen denen des SPW-60PB.

Ab 1976 kamen spezielle, in der UdSSR ausgerüstete, Führungsstellen 9S482 PU-12 in die Einheiten der TLA, die BBS auf SPW-60PB wurden in Mob-Einheiten umgesetzt.

Die BBS auf SPW-60PB verfügte über insgesamt vier Antennenfüße, um die umfangreiche Funkausrüstung effektiv einzusetzen. Die Aufnahme entstand Mitte der 1990er Jahre in Rockensußra, hier wurde ein Teil der SPW-60PB verschrottet. Die Turmbewaffnung wurde bereits ausgebaut.

Bf SPW-60PB der Artillerie-Beobachtungsstelle

Die Artillerie-Beobachtungsstelle (ABS) auf SPW-60PB diente seit 1974 der Aufklärung, Führung und Feuerleitung von Artillerieeinheiten in der Bewegung und aus dem kurzen Halt. Sie begann nach und nach die bis dahin genutzten ABS auf Basis der SPW-152 oder auf Spezial-LKW abzulösen. Ihr Einsatz erfolgte in den Batterien, in der Artillerie-Abteilung und im Artillerie-Regiment. Ihre vorrangige Aufgabe bestand in der Führung der Artillerieeinheiten und der Sicherstellung des Zusammenwirkens mit den Mot-Schützen- und Panzereinheiten, im Beobachten und Aufklären sowie in der Feuerleitung, der Sicherstellung der Nachrichtenverbindungen sowie dem Transport der B-Stelle mit ihren Geräten und ihrer Ausrüstung. Mit Hilfe der eingebauten Geräte konnten u.a. horizontale und vertikale Winkel sowie Abweichungen der Einschläge vom Ziel gemessen, das Artilleriefeuer korrigiert und das Gefechtsfeld beobachtet werden.
Entsprechend der taktischen Bestimmung war die ABS mit dem Optischen Entfernungsmessgerät-2 (OEM-2), dem Richtkreis PAB-2a, einem Feuerleitgerät-9 sowie einer umfangreichen Nachrichtenausrüstung (zwei Funkgeräte R-107M bzw. drei Funkgeräte R-108M, ein UKW-Panzerfunkgerät R-123, zwei UKW-Kleinstsprechfunkgeräte UFT-422, einem Kommandeurs-Fernbediengerät-2M sowie zwei Feldfernsprecher und zwei Kabeltrommeln mit 500 m LFK) ausgestattet. Beim Einsatz des B-Stellenorgans in einer Erd-Beobachtungsstelle erfolgte die Sicherstellung der Nachrichtenverbindung mittels Fernbedienungsgerät. Dazu befand sich an der linken Fahrzeugseite ein Klemmbrett, das den Anschluss von zwei Fernbedienungsleitungen, von zwei Langdrahtantennen und einem Feldfernsprecher erlaubte. Die Fahrer- und Kommandantenluke konnten um 180° nach vorn umgeklappt werden, sodass die Nutzung des OEM-2 und des Richtkreis PAB-2a aus dem Fahrzeug heraus erfolgen konnte.
Im Reparaturwerk Neubrandenburg erfolgte die Umrüstung von 307 fabrikneuer SPW-60PB zu Artillerie-Beobachtungsstellen.

Bf SPW-60PB der Artillerie-Beobachtungsstelle	
Umrüstungszeitraum ABS	1974 - 1987
Gefechtsmasse (t)	10,72
Besatzung	8
Abmessung L/B/H (mm)	7220 x 2814 x 2410
Bodenfreiheit (mm)	457
Turm-MG	KPWT 14,5
Panzer-MG	PKT 7,62
Kampfsatz Hauptbewaffnung	500
Watfähigkeit (m)	schwimmfähig
Fahrbereich Str./Gel.(km)	500 / 340
Höchstgeschwindigkeit (km/h)	80
Steigfähigkeit (Grad)	30
Bezeichnung Motor	2 x GAZ-49B
Typ Motor	4-Takt-Otto / R-6
Leistung (PS/kW)	90 / 66
Hubraum (l)	3,48
Kraftstoffvorrat gesamt (l)	380
Kühlung	Wasser / Lüfter
Federung	Drehstab

Die ABS auf SPW-60PB war am Klemmbrett zwischen dem 20-l Benzinkanister und dem Deckel der Notausstiegsluke zu erkennen (oberes Bild). Der Kommandantenlukendeckel wurde für den Einsatz des OEM-2 verbreitert. Damit er sich um 180° nach vorn öffnen ließ, musste für das Beobachtungsgerät TPKU-2B eine entsprechende Vertiefung im Lukendeckel geschaffen werden.

Bf SPW-60PB der Führungsstelle R-145BM

Die ab 1971 aus der UdSSR importierte **Führungsstelle R-145BM** auf SPW-60PB wurde ab Führungsebene MSR/ PR aufwärts eingesetzt. Sie löste die bis dahin genutzten Führungsstellen auf Basis der SPW-50PK und SPW-40P sowie die Funkstellen R-125 auf Spezial-PKW GAZ-69 ab. Die Führungsstelle R-145BM gewährleistete die Führung der Einheiten im Stand und in der Bewegung über eine gedeckte und mehrere offene Sprechfunkverbindungen. Dazu waren im Fahrzeug das KW-Funkgerät R-130, das UKW-Panzerfunkgerät R-123 und zwei UKW-Funkgeräte R-111 mit jeweils eigenen Antennenanlagen eingebaut. Dabei konnten die Funkgeräte R-130 und R-111 gleichzeitig und unabhängig voneinander betrieben werden. Des Weiteren war die Fernbedienung mit Hilfe von abgesetzten Feldfernsprechern TA-57 oder FF63M über Fernsprechdoppelleitungen möglich. Um die Nachrichtenmittel effektiv nutzen zu können, befanden sich ein Funkpult mit zwei Arbeitsplätzen, zwei Kommandeurspulte sowie ein Offiziers- und ein Fahrerpult in der Ausrüstung. Die Stromversorgung im Stand konnte über ein Elektroaggregat oder zwei Batterien und in der Bewegung über die Lichtmaschine sichergestellt werden. Es bestand aber auch die Möglichkeit, eine Wechselspannungsquelle mit 220 V, 50 Hz zu nutzen.
Das Basisfahrzeug schützte die Besatzung vor Infanteriemunition sowie Granat- und Minensplittern, ermöglichte das Passieren von radioaktiv verstrahlten Geländeabschnitten sowie das Überwinden von Wasserhindernissen.
Zur Sicherstellung der vielfältigen Aufgaben nutzte das Fahrzeug für das KW-Funkgerät R-130 eine Rahmen- und eine Dipolantenne (Reichweite Stand/Bewegung 350/75 km), für das UKW-Funkgerät R-111 einen Teleskopmast mit Breitband- und eine 3,4-m Stabantenne (Reichweite Stand/Bewegung 75/50 km). Für das Panzerfunkgerät kam die obligatorische 4-m Stabantenne für eine Reichweite Stand/Bewegung von jeweils 20 km zum Einsatz.
Von 1973 bis 1982 wurden Veränderungen an der Ausrüstung der Führungsstelle R-145BM vorgenommen, es kam z.B. das KW-Funkgerät R-130M sowie ein Selektivrufgerät (zum Senden und Empfangen von Sig-

Die Führungsstelle R-145BM auf SPW-60PB, die Rahmenantenne wurde beim Marsch auf dem Wannendach abgelegt, zur Energieversorgung befand sich auf dem Fahrzeug ein Stromversorgungsaggregat, davor der längliche Behälter für die Breitbandantenne. Hinten rechts auf dem Heck der Antennenfuß für die 3,4-m Stabantenne und die beiden Kabeltrommeln für die Feldfernsprecher.

Bf SPW-60PB der Führungsstelle R-145BM	
Einführungszeitraum	1971 - 1983
Gefechtsmasse (t)	10,475
Besatzung	3
Abmessung L/B/H (mm)	7220 x 2814 x 3360
Bodenfreiheit (mm)	457
Hersteller	UdSSR
Basis	SPW-60PB
Watfähigkeit (m)	schwimmfähig
Fahrbereich Str./Gel.(km)	500 / 370
Höchstgeschwindigkeit (km/h)	80
Steigfähigkeit (Grad)	30
Bezeichnung Motor	2 x GAZ-49B
Typ Motor	4-Takt-Otto / R-6
Leistung (PS/kW)	90 / 66
Hubraum (l)	3,48
Kraftstoffvorrat gesamt (l)	380
Kühlung	Wasser / Lüfter
Federung	Drehstab

nalen der vier Funkgeräte) in die Ausrüstung. Die **Führungsstelle R-145BM (FLS)** diente als Fliegerleitstelle in den Truppenteilen des Kommandos der LSK/LV. Für die Ausrüstung der Fliegerleitstelle wurden 1976 und 1977 jeweils zwei Führungsstellen R-145BM durch die Panzerwerkstatt-2 umgerüstet. Die notwendige Funkausrüstung stellte das Kommando LSK/LV, benötigt wurden bei Einsparung eines UKW-Funkgerätes R-111 je Fahrzeug ein Funkgerät R-802, ein Funkgerät R-809M sowie eine Schwert- und eine Diskuskonusantenne.

1978 rüsteten die Truppenwerkstätten der NVA zwei Modifikationen der Führungsstelle R-145BM für die Aufklärungsorgane der LaSK um. Auf der Ebene Division kam die **Führungsstelle R-145BM (Akl-2)**, in den Aufklärungsorganen der PR und MSR, speziell im Funktrupp der Aufklärung, die **Führungsstelle R-145BM (Akl-1)** zum Einsatz. Äußerlich waren die beiden Versionen nicht zu unterscheiden. In der R-145BM (Akl-1) kam zusätzlich der UKW-Funkempfänger R-870M, in der R-145BM (Akl-2) das UKW-Funkgerät R-809M oder R-809M2 zum Einsatz. Für die erweiterte Funkausrüstung musste eine zusätzliche Schwertantenne und eine Diskuskonusantenne mit in die Ausrüstung aufgenommen werden. Die Schwertantenne wurde auf dem Wannendach, rechts neben dem Stromversorgungsaggregat, aufgebaut, die Diskuskonusantenne wurde über der Breitbandantenne auf dem Teleskopmast aufgesetzt. Weiterhin gehörte ein Tonbandgerät MN-61 mit Lautsprecher zur Ausrüstung beider Modifikationen.

Für die Ausrüstung der Einheiten im Soll I/II wurden von der Führungsstelle R-145BM (Akl-1) 30/50 Fahrzeuge, von der Führungsstelle R-145BM (Akl-2) 8/12 Fahrzeuge benötigt.

Ab 1982 kamen die Führungsstelle R-145BM (L1) und die Führungsstelle R-145BM (L2) in den Gefechtsführungszentren und Gefechtsführungsgruppen der Armee-, Front- und Marinefliegerkräfte zum Einsatz. Beide Führungsstellen wurden in Truppenwerkstätten der NVA umgerüstet, Basis bildeten die aus der UdSSR eingeführten Führungsfahrzeuge R-145BM sowie die Führungsstellen R-145BM (FLS).

Die **Führungsstelle R-145BM (L1)** wurde als Fliegerleitstelle im Kommando der Luftstreitkräfte/Luftverteidigung eingesetzt. Zusätzlich kamen das UKW-Funkgerät R-802W (anstelle eines UKW-Funkgerätes R-111) und das UKW-Funkgerät R-809M, zwei Schwertantennen

Bf SPW-60PB der Führungsstelle R-145BM (FLS)	
Umrüstungszeitraum	1978
Gefechtsmasse (t)	10,5
Besatzung	3
Abmessung L/B/H (mm)	7220 x 2814 x 3360
Bodenfreiheit (mm)	457
Hersteller	UdSSR
Basis	SPW-60PB
Watfähigkeit (m)	schwimmfähig
Fahrbereich Str./Gel.(km)	500 / 370
Höchstgeschwindigkeit (km/h)	80
Steigfähigkeit (Grad)	30
Bezeichnung Motor	2 x GAZ-49B
Typ Motor	4 Takt Otto / R 6
Leistung (PS/kW)	90 / 66
Hubraum (l)	3,48
Kraftstoffvorrat gesamt (l)	380
Kühlung	Wasser / Lüfter
Federung	Drehstab

Die Führungsstelle R-145BM Akl-1, vor dem Stromversorgungsaggregat befand sich die Halterung für die zusätzliche Schwertantenne.

sowie eine Diskuskonusantenne zur Ausrüstung. Die beiden Schwertantennen befanden sich rechts und links vom Stromversorgungsaggregat auf dem Wannendach. Die **Führungsstelle R-145BM (L2)** wurde als Bindeglied zwischen den Verbänden der Landstreitkräfte und den Gefechtsführungsgruppen der Armee-, Front- und Marinefliegerkräfte eingesetzt, was eine umfangreiche Funkausrüstung erforderlich machte. Die Führungsstelle verfügte über ein UKW-Funkgerät R-111, ein UKW-Funkgerät R-809M, ein DM-Funkgerät R-859D sowie ein UKW/DM-Funkgerät R-863, zwei Schwertantennen, zwei Diskuskonus-, zwei Doppelkonus- und eine Breitbandantenne sowie eine 4-m und eine 3,4-m Stabantenne. Die beiden Diskuskonusantennen wurden auf 5-m Steckmasten aufgesetzt, die bis 10 m vom SPW entfernt aufgebaut waren.

Von beiden Führungsstellen benötigte die NVA für das Soll I/ II insgesamt 17/23 Stück, wobei die LSK/LV 1982 die benötigten 4 Führungsstellen R-145BM (L1) erhielt, die ersten 15 Führungsstellen R-145BM (L2) rüstete die PW-2 1983 um.

Bis 1990 befanden sich 384 Führungsstellen R-145BM aller Versionen in den Streitkräften der NVA.

Bf SPW-60PB der Führungsstelle R-145BM (L1)	
Umrüstungszeitraum	ab 1982
Gefechtsmasse (t)	10,75
Besatzung	3
Abmessung L/B/H (mm)	7220 x 2814 x 3360
Bodenfreiheit (mm)	457
Hersteller	UdSSR
Basis	SPW-60PB
Watfähigkeit (m)	schwimmfähig
Fahrbereich Str./Gel.(km)	500 / 370
Höchstgeschwindigkeit (km/h)	80
Steigfähigkeit (Grad)	30
Bezeichnung Motor	2 x GAZ-49B
Typ Motor	4-Takt-Otto / R-6
Leistung (PS/kW)	90 / 66
Hubraum (l)	3,48
Kraftstoffvorrat gesamt (l)	380
Kühlung	Wasser / Lüfter
Federung	Drehstab

Die Führungsstelle R-145BM (L2), beide Schwertantennen waren einsatzbereit, der Halbteleskopmast befand sich in Marschlage. Die komplett aufgebaute Führungsstelle R-145BM (L2) in Gefechtslage: die beiden Diskuskonusantennen auf 5-m Steckmasten, die Rahmen- und die beiden Schwertantennen, die beiden Doppelkonusantennen mit der Breitbandantenne auf dem 10-m Teleskopmast sowie die 4-m und die 3,4-m Stabantenne wurden entfaltet (rechtes Bild).

Bf SPW-60PB der Führungsstelle 9S482 PU-12 und 9S482M PU-12M

(9С482 – пункт управления ПУ-12 = 9S482 – Kontrollpunkt PU-12)

Die Führungsstellen **9S482 PU-12** und **9S482M PU-12M** der Truppenluftabwehr wurden in verschiedenen Führungsebenen, vom Chef TLA der Division über den Leiter TLA des Regiments, den Batteriechef der Fla-Batterie bis zum Zugführer eines Fla-Raketenzuges verwendet. Sie dienten der automatisierten Darstellung, Bearbeitung und Übermittlung von Angaben über die Luftlage sowie der Feuerleitung in den Einheiten der Truppenluftabwehr.
Mit Hilfe der Automatisierten Führungsstelle 9S482 PU-12 erfolgte ab 1976 die effektive Führung und Feuerleitung der mit den Fla-Raketenkomplexen 9K31M STRELA-1M und der 23-mm Fla-SFL SCHILKA ausgerüsteten Einheiten der TLA in den PR der 7. PD. Sie löste die bis dahin genutzte Feuerleiteinrichtung-59 auf Spezial-Kfz LO-1800A mit Kofferaufbau ab und sicherte die Führung der ab 1986 zugeführten Fla-Raketenkomplexe 9K35M STRELA-10M.
Mit dem Einsatz der Automatisierten Führungsstelle 9S482M PU-12M konnte ab 1983 der optimale Einsatz des Fla-Raketensystems 9K33M OSA-AK gewährleistet werden.
Die Führungsstelle 9S482 PU-12 gewährleistete das Anschließen der Funkmessstationen P12, P15, P18, P40 und P40A über Kabel bis zu einer Entfernung von 300 m. Sie ermöglichte die Kennungsabfrage, die Darstellung der Luftlageinformationen sowie eine standhafte Nachrichtenverbindung in den Funknetzen. Zur Ausrüstung zählten das Gerät zur automatisierten Übertragung von Luftlageinformationen ASPD12, die beiden Informationstableaus IT1 und IT2, die Luftlagekarte, der Kursanzeiger 1G13M und der Kurstisch KP4. Zur Nachrichtenausstattung gehörten u.a. ein Funkgerät UKW R-111, drei UKW-Panzerfunkgeräte R-123, ein Funkgerät R-407, das Kommandeurssprechgerät RTK-1 sowie die Antennen- und die Stromversorgungsanlage. Für eine standhafte Funkverbindung wurde ein Teleskopmast genutzt, der bis auf 6 m ausgefahren werden konnte. Die Anlage ASPD12 diente der Darstellung der Luftlage auf dem Sichtgerät. Dazu nutzte sie die von den angeschlossenen Funkmessstationen empfangenen Primärinformationen sowie die von den Führungsstellen der TLA erarbeiteten Sekundärinformationen. Die Informationstableaus IT1 und IT2 stellten Informationen über den Bestand an Kampfsätzen, die Einsatzbereitschaft sowie die Gefechtstätigkeit der unterstellten Fla-Komplexe zur Verfügung. Die Luftlagekarte stellte die Koordinaten der Luftziele nach Seitenwinkel und Entfernung im Koordinatensystem der Führungsstelle entsprechend den Angaben der Primär- und Sekundärinformationen dar.
Die Führungsstelle 9S482M PU-12M erfüllte die gleichen Aufgaben wie die Führungsstelle 9S482 PU-12. Sie gehörte zum System der Truppenluftabwehr der MSD/PD und wurde als Übertragungsstelle gemeinsam mit einer Funkmessstation oder selbständig als automatisierte Führungsstelle genutzt. Sie gewährleistete zusätzlich den automatisierten Empfang und die Darstellung von Informationen über die Luftlage von einer Funkmessstation P19 und vom Automatisierten Feld-Führungssystem PASUW über das Datenübertragungs-

Bf SPW-60PB der Führungsstelle 9S482 PU-12	
Einführungszeitraum	1976 - 1986
Gefechtsmasse PU-12 (t)	10,3
Besatzung	5
Abmessung L/B/H (mm)	7220 x 2825 x 3350
Bodenfreiheit (mm)	457
Hersteller	UdSSR
Basis	SPW-60PB
Watfähigkeit (m)	schwimmfähig
Fahrbereich Str./Gel.(km)	500 / 340
Höchstgeschwindigkeit (km/h)	80
Steigfähigkeit (Grad)	30
Bezeichnung Motor	2 x GAZ-49B
Typ Motor	4-Takt-Otto / R-6
Leistung (PS/kW)	90 / 66
Hubraum (l)	3,48
Kraftstoffvorrat gesamt (l)	290
Kühlung	Wasser / Lüfter
Federung	Drehstab

gerät S23-1. Die Station konnte die Herkunft des Zieles, seine Geschwindigkeit und seine Anflugzeit bestimmen und die Koordinaten auf dem Sichtgerät präsentieren. Die topographische Vermessung erfolgte mit Hilfe der Navigations- und Vermessungsgeräte. Die Verbindung der Führungsstelle zum Vorgesetzten erfolgte über das Funkgerät R-111, zur deckenden Einheit über das UKW-Panzerfunkgerät R-123M. Der Datenaustausch mit dem übergeordneten Gefechtsstand erfolgte mit Hilfe des Funkgerätes R-407. Die Stromversorgung sicherte ein Elektroaggregat AB-1-P/30-M1-I. Die Unterbringung der Ausrüstung auf einem SPW-60PB gewährleistete eine hohe Mobilität und machte es möglich, der Gefechtsordnung der Panzer- und Mot-Schützeneinheiten problemlos zu folgen sowie in kontaminiertem Gelände zu arbeiten.1990 verfügte die NVA über insgesamt 82 Automatisierte Führungsstellen 9S482 PU-12 und 9S482M PU-12M.

Die Führungsstelle 9S482M PU-12M auf Basis SPW-60PB in Marschlage. Anstelle des Turmes befand sich ein Elektroaggregat auf dem Wannendach.

Die Führungsstelle 9S482 PU-12, auf Militärfahrzeugtreffen immer eine kleine Sensation. Die am Heck aufgetragene Nr. 234 stammt aus dem Lademaßüberschreitungs-Katalog (LÜ-Katalog).

Führungsfahrzeug SPW-40P

Führungsfahrzeuge auf Basis des SPW-40P gab es in allen höheren Führungsebenen. Sie unterschieden sich äußerlich nur durch mehrere, zusätzliche, Antennenanlagen von der Normalausführung. Zum Einsatz kamen die in den Panzerwerkstätten von 1964 bis 1965 umgerüsteten Führungsfahrzeuge, genannt seien:

- **SPW-40P** (**K**) für den Kommandeur eines MSB
- **SPW-40P** (**A**) für den Leiter Artillerie eines MSR
- **SPW-40P** (**TLA**) für den Leiter TLA eines MSR oder PR
- **SPW-40P** (**D**) für den Leiter der Dienste eines MSR oder PR

Der SPW-40P (A) als Führungsfahrzeug des Leiters Artillerie eines MSR (1968).

Alle Fahrzeuge verfügten über mindestens drei verschiedene Funkstationen und einen Arbeitstisch.
Der Sonderimportplan für 1962 sah die Einfuhr von 36 **Funkstationen der Aufklärung auf SPW BRT PK**, in der NVA als **SPW-40P RU** bezeichnet, aus der Sowjetunion vor. Das Führungsfahrzeug nutzte als Basis den SPW-40P und verfügte über eine 5-Mann Besatzung, ein Funkgerät R-113, ein Panzer-Funkgerät R-112 sowie einen Funkempfänger UKW R-313. Mit jeweils sechs Funkstationen der Aufklärung pro MSD/PD konnten die Leiter der Aufklärung in den Funknetzen arbeiten. Obwohl im *Verzeichnis der Bewaffnung und Ausrüstung* sowie im *Stellenplan und Ausrüstungsnachweis* der Nachrichten-Bataillone der MSD/PD aufgenommen, lassen sich verlässliche Aussagen zu IST-Beständen des SPW-40P RU bisher nicht finden, was den Schluss nahelegt, dass das Fahrzeug in der NVA nicht zum Einsatz kam.

Bf SPW-40P als Führungsfahrzeug	
Einführungszeitraum	1964 - 1965
Gefechtsmasse (t)	5,6
Besatzung	5
Abmessung L/B/H (mm)	5700 x 2250 x 1900
Bodenfreiheit (mm)	315
Basis	SPW-40P
Panzer-MG	SGM 7,62
Kampfsatz Hauptbewaffnung	1250
Watfähigkeit (m)	schwimmfähig
Fahrbereich Str./Gel.(km)	635 / 345
Höchstgeschwindigkeit (km/h)	80
Steigfähigkeit (Grad)	30
Bezeichnung Motor	GAS-40P
Typ Motor	4-Takt-Otto / R-6
Leistung (PS/kW)	90 / 66
Hubraum (l)	3,48
Kraftstoffvorrat gesamt (l)	150
Kühlung	Wasser
Federung	Blattfedern

Der SPW-40P (K) als Führungsfahrzeug für den Kommandeur eines MSB.

Schützenpanzerwagen-40P2 UM

(Бронированная разведывательно-дозорная машина 2УМ = Gepanzertes Aufklärungs- und Patrouillenfahrzeug 2UM)

Ab 1970 wurde der Schützenpanzerwagen-40P2 UM als Führungsfahrzeug in Artillerie- und Aufklärungseinheiten der LaSK geplant. Aufgrund der niedrigen Silhouette und der guten Geländeeigenschaften war der SPW als Führungsfahrzeug für den Batteriechef und die Zugführer der PALR-Batterien in Panzerjägereinheiten ab Division und für die Leiter Aufklärung der MSR prädestiniert. Ursprünglich war sein Einsatz auch in den Raketenabteilungen der Divisionen vorgesehen. Da der zur Verfügung stehende Personalbestand nicht ausreichte, um die im SPW eingesetzte Nachrichtenausrüstung zu bedienen, wurde auf diesen Einsatz verzichtet.

Das gepanzerte Führungsfahrzeug gewährleistete zu-

verlässig eine standhafte Funkverbindung in der Bewegung und im Stand bis 50 km. Es besaß keinen Turm, keine Bewaffnung und kein Navigationsgerät, dafür zwei UKW-Panzerfunkgeräte R-123 und ein UKW-Funkgerät R-107 sowie das Elektroaggregat AB1-P/30, das auf dem Wannendach transportiert wurde, und zwei Antennensteuerungsgeräte. Zur Antennenausrüstung gehörten zwei Antennenanlagen für 4-m Stabantennen, eine kombinierte Stabantenne, aufgesetzt auf einem 11-m Teleskopmast und die strukturmäßigen Antennen des UKW-Funkgerätes R-107. Die Stromversorgung der Funkausrüstung erfolgte in der Bewegung durch das Bordnetz des SPW. Bei abgestelltem Motor versorgte das Elektroaggregat AB1-P/30 die Stromverbraucher. Die Stromversorgung des UKW-Funkgerätes R-107 erfolgte durch die zum Funkgerät gehörenden Batterien. Mit Hilfe der beiden elektrischen Antennenantriebe ließen sich die Antennen automatisch in Gefechtslage heben und in Marschlage senken.
Eine Kernwaffenschutzanlage erlaubte das Passieren aktivierter Geländeabschnitte ohne Anlegen der persönlichen Schutzausrüstung. Nachtsichtgeräte für Kommandant und Fahrer, ein Strahlungswarngerät und ein Arbeitstisch ergänzten die Ausrüstung.
Die Einführung der ersten zehn SPW-40P2 UM erfolgte 1970, bis 1975 erhöhte sich der Bestand auf 106 Fahrzeuge.

Bei Paraden der NVA defilierten diese SPW ohne aufgebautem Elektroaggregat als Führungsfahrzeug mit aufgebauter Truppenfahne vor einzelnen Paradeblöcken. 1990 verfügte die NVA über 106 Schützenpanzerwagen-40P2 UM, von denen 33 Fahrzeuge für Mob-Einheiten eingelagert waren.

Schützenpanzerwagen-40P2 UM	
Einführungszeitraum	1970 - 1975
Gefechtsmasse (t)	6,474
Besatzung	4
Abmessung L/B/H (mm)	5750 x 2350 x 2470
Bodenfreiheit (mm)	330
Hersteller	UdSSR
Basis	SPW-40P2
Watfähigkeit (m)	schwimmfähig
Fahrbereich Str./Gel.(km)	750 / 415
Höchstgeschwindigkeit (km/h)	100
Steigfähigkeit (Grad)	30
Bezeichnung Motor	GAZ-41
Typ Motor	4-Takt-Otto / V-8
Leistung (PS/kW)	140 / 103
Hubraum (l)	5,53
Kraftstoffvorrat gesamt (l)	280
Kühlung	Wasser / Lüfter
Federung	Blattfedern

Der SPW-40P2 UM, deutlich erkennbar das abgedeckte Elektroaggregat AB1-P/30 auf dem Wannendach, der Halbteleskopmast an der rechten Fahrzeugseite und die beiden Antennenantriebe (linkes Bild). Als Paradefahrzeug, das Elektroaggregat wurde abgenommen und die Truppenfahne des folgenden Marschblockes aufgesteckt.

Panzertechnik und Basisfahrzeuge zur Aufnahme von Technik des RWD

Bf SPW-152E mit 14,5-mm Fla-MG SPU-2

(Зенитная Установка на БТР-152E = Flugabwehrvorrichtung auf SPW-152E)
(ЗПУ-2 – зенитная пулемётная установка 2 = SPU-2 – Flugabwehrmaschinengewehr 2)

Die Entwicklung des 14,5-mm Fla-MG SPU-2 begann Ende 1944, ab Anfang 1949 erfolgte die Serienproduktion. Für das Fla-MG wurden zwei schwere 14,5-mm MG KPW gekoppelt, die mit Hilfe einer Seiten- und Höhenrichtmaschine sowie eines automatischen Visiers gerichtet wurden. Zur Ausrüstung gehörten weiterhin eine Unter- und eine Oberlafette mit Drehkranz, eine Wiege mit Wiegenträger sowie ein Fahrwerk mit zwei Sitzen für die beiden Richtschützen.

Von Mai bis Dezember 1949 wurde der Einsatz des 14,5-mm Fla-MG SPU-2 auf dem Fahrgestell des BTR-152 (SPW-152) getestet, ab 1950 wurde dieser unter der Bezeichnung BTR-152A in die Sowjetarmee eingeführt. Mit dem Einsatz des BTR-152W wurde die Bezeichnung in BTR-152E (SPW-152E) geändert.

Die Besatzung bestand aus dem Kommandanten, dem Fahrer, einem Richt- und zwei Ladeschützen. Das Fla-MG erreichte eine praktische Feuergeschwindigkeit von 70 S/min, die theoretische lag bei 550 S/min. Die hohe Anfangsgeschwindigkeit der Geschosse mit 990 m/s erlaubte ein effektives Schießen auf Luftziele, die mit Geschwindigkeiten von bis zu 600 km/h in einer Höhe von 500 bis 1000 m flogen. Im Erdkampf wurden Ziele bis 2000 m bekämpft. Zum Kampfsatz gehörten 1200 Brand-, Panzerbrand- und Panzerbrandpatronen mit Leuchtspur, die in Gurtkästen mit je 50 gegurteten Patronen transportiert wurden. Der Höhen-Richtbereich lag zwischen +89° und -5°. Das Fehlen von elektrischen Richtantrieben wirkte sich negativ auf die Bekämpfung der Luftziele aus.

Basis für diese Fla-Waffe bildete der bereits in der NVA vorhandene SPW-152W mit außen liegender Reifendruck-Regelanlage. 1957 erhielt die NVA eine einmalige Lieferung von 80 fabrikneuen SPW-152E. Jede der fünf MSD erhielt sieben, das Wachregiment zehn und die beiden PD jeweils 15 Fahrzeuge. Die restlichen SPW wurden für Ausbildungszwecke eingesetzt.

Mit der Zuführung der 23-mm Flak ZU-23 fand der Einsatz dieser SPW sein Ende. Nach der Demontage der Waffenanlagen sämtlicher SPW-152E erfolgte ihre Weiternutzung ab 1965 als SPW-152W. 1968 erfolgte die Umrüstung auf das Niveau des SPW-152W1.

Der SPW-152E mit außenliegender Reifendruck-Regelanlage in Marschlage.

Bf SPW-152E mit 14,5-mm Fla-MG SPU-2	
Einführungszeitraum	1957
Gefechtsmasse (t)	8,95
Besatzung	5
Abmessung L/B/H (mm)	6830 x 2350 x 2410
Bodenfreiheit (mm)	285
Basisfahrzeug	SPW-152W
Fla-MG	2 x KPW 14,5
Kampfsatz Hauptbewaffnung	1200
Watfähigkeit (m)	0,8
Fahrbereich Str./Gel.(km)	600 / 425
Höchstgeschwindigkeit (km/h)	75
Steigfähigkeit (Grad)	30
Bezeichnung Motor	SIS-123
Typ Motor	4-Takt-Otto / R-6
Leistung (PS/kW)	110 / 81
Hubraum (l)	5,55
Kraftstoffvorrat gesamt (l)	300
Kühlung	Wasser / Lüfter
Federung	Blattfedern

Bf SPW-152W1 mit 23-mm Flak ZU-23

Das Reparaturwerk Neubrandenburg untersuchte 1988 die Möglichkeit, die 23-mm Flak ZU-23 in den Kampfraum des SPW-152W1 einzubauen. Als Vorbild diente die in der UdSSR entwickelte *Flugabwehrvorrichtung ZU-23 auf SPW-152W1*.
Ein Prototyp wurde bis zur praktischen Erprobung entwickelt.

Die Lafette der 23-mm Flak ZU-23 wurde in den Kampfraum eines SPW-152W1 integriert.

Bf SPW-152W1 als Zugmittel für Artilleriewaffen

Aus Mangel an ausreichend geländegängigen LKW wurde als Interimslösung der SPW-152 als Zugmittel für Artilleriewaffen, wie z.B. die 76-mm Kanone SIS-3 Modell 1942, eingesetzt. Der gepanzerte Kampfraum bot der Bedienung ausreichenden Schutz vor Infanteriegeschossen oder Granatsplittern, gleichzeitig konnte ein Teil des Kampfsatzes transportiert werden.

Der SPW-152 als Zugmittel für eine 76-mm Kanone ZIS-3 Modell 1942.

Bf SPW-152W1 als Zug- und Transportmittel für Panzerabwehrwaffen

Ein wesentlicher Bestandteil von Mot-Schützen-Bataillonen waren schlagkräftige Panzerabwehrzüge (PAZ), die u.a. den SPW-152W1 als Transportmittel nutzten. Die Bewaffnung der PAZ war entsprechend den vorhandenen Waffen unterschiedlich. Anfänglich wurden die zur Verfügung stehenden Panzerabwehrwaffen eingesetzt: das 107-mm rückstoßfreie Geschütz B-11 oder die 57-mm selbstfahrende Pak SD-57. Der SPW transportierte die Bedienung, die Panzerabwehrwaffe und die entsprechende Munition. Ab Ende der 1960er Jahre erhielten die PAZ nach und nach eine einheitliche Bewaffnung. Jeder PAZ bestand aus zwei Gruppen, die den SPW-152W1 als Transportmittel nutzten. Der erste SPW-152W1 nahm die komplette Bedienung für die rückstoßfreie Panzerbüchse SPG-9 (5 Mann), deren persönliche Bewaffnung und Ausrüstung sowie das Geschütz und die Munition auf. Der zweite SPW-152W1 transportierte sechs tragbare Panzerabwehrlenkraketen-Komplexe 9K11 MALJUTKA (PALR-K) mit den erforderlichen Bedienungen. Um die Unterbringung der

Der Teil eines PAZ, ausgerüstet mit einem SPW-152W1 und einer 57 mm selbstfahrenden Pak SD 57.

Ein Panzerabwehrzug setzte sich aus einer Gruppe mit sechs tragbaren PALR-K 9K11 MALJUTKA und einer Gruppe mit der 73-mm schweren Panzerbüchse SPG-9 (unteres Bild) zusammen.

jeweiligen Bedienung zu ermöglichen, mussten Änderungen in den Mannschaftsräumen der SPW vorgenommen werden.

1975 erhielt die NVA die ersten tragbaren PALR-K 9K111 FAGOT aus der Sowjetunion. Sie lösten sukzessiv die PALR-K 9K11 MALJUTKA ab. Auch hier kam der SPW-152W1 als Transportfahrzeug für zwei PALR-K 9K111 FAGOT und deren Bedienung zum Einsatz. Da der SPW-152W1 dem Zugführer des PAZ im MSR (SPW) gleichzeitig als Führungsfahrzeug diente, musste er mit einem Funkgerät UKW R-107 nachgerüstet werden.

1986 verfügte ein MSR (SPW) über drei Panzerabwehrzüge, ausgerüstet mit jeweils vier PALR-K 9K111 FAGOT und drei modernisierten rückstoßfreien Panzerbüchsen SPG-9 MN.

Das Führungs- und Transportfahrzeug des Zugführers Panzerabwehrzug MSR (SPW) SPW-152W1 für zwei tragbare PALR-K 9K111 FAGOT (rechts und links auf den Sitzbänken die beiden Starteinrichtungen 9P135, vor der linken Starteinrichtung die Munitionskiste für Schützenwaffen, vor dem Fahrerraum vier Behältergestelle (abgeplant) für je zwei PALR 9M111, rechts neben den Behältergestellen das Funkgerät UKW R-107). Zur Besatzung gehörten sieben Mann, der SPW-Fahrer und drei Mann Bedienung pro PALR-K.

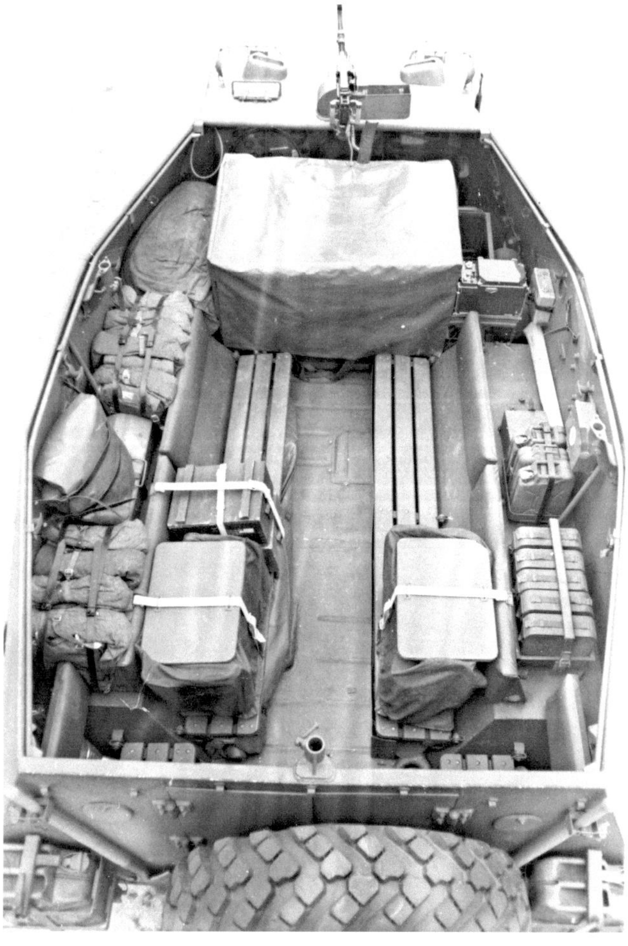

Bf SPW-40A mit 14,5-mm Fla-MG SPU-2

Auf dem bekannten SPW-40 wurde ein 14,5-mm Fla-MG SPU-2, bestehend aus zwei schweren MG KPW, aufgesetzt, das so ausgerüstete Fahrzeug erhielt die Bezeichnung SPW-40A. Im Mannschaftsraum wurde ein Drehkranz montiert, der sämtliche Elemente der Waffe aufnahm. Mit den 14,5-mm Fla-MG SPU-2 konnten Luft- und Erdziele bis zu einer Entfernung von 2000 m bekämpft werden. Die Waffen wurden mit einer Handspanneinrichtung durchgeladen, das Abfeuern erfolgte durch den Kanonier mit Hilfe einer mechanischen Fußabfeuerung. Da die Patronenzufuhr über zwei Patronengurte realisiert wurde, waren zwei Ladeschützen erforderlich. Zwei Bremsen zurrten das Fla-MG in vertikaler und horizontaler Ebene. Durch Freigeben beider Bremsen konnten die Waffen um 360° horizontal und um 89° vertikal gedreht werden. Die Feuergeschwindigkeit je Waffe lag bei 70 S/min, zum Kampfsatz gehörten 1200 Patronen. Für das Schießen auf Bodenziele fand das optische Visier OP1-14 Verwendung, mit Hilfe des Reflexvisieres VK-4 wurden Luftziele bekämpft. Ein Nachtsichtgerät für den Fahrer und das Funkgerät 10RT-12 ergänzten die Ausrüstung.

1957 erhielt die NVA 21 SPW-40A, die auf beide Militärbezirke aufgeteilt wurden. Bereits 1964 wurden sämtliche SPW-40A durch Abbau der 14,5-mm Fla-MG in SPW-40 umgerüstet.

Bf SPW-40A mit 14,5-mm Fla-MG SPU-2	
Einführungszeitraum	1957
Gefechtsmasse (t)	5,3
Besatzung	5
Abmessung L/B/H (mm)	5000 x 1900 x 2230
Bodenfreiheit (mm)	275
Basisfahrzeug	SPW-40
Fla-MG	2 x KPW 14,5
Kampfsatz Hauptbewaffnung	1200
Watfähigkeit (m)	0,9
Fahrbereich Str./Gel.(km)	285 / 240
Höchstgeschwindigkeit (km/h)	80
Steigfähigkeit (Grad)	30
Bezeichnung Motor	GAS-40
Typ Motor	4-Takt-Otto / R-6
Leistung (PS/kW)	80 / 59
Hubraum (l)	3,48
Kraftstoffvorrat gesamt (l)	120
Kühlung	Wasser
Federung	Blattfedern

SPW-40A mit 14,5-mm Fla-MG SPU-2.

Mobile Startanlage für FLG-5000 auf SPW-40P2 UM

Das Fallschirmleuchtgeschoss-5000 (FLG-5000) war ein reaktives Leuchtgeschoss, dass, in der DDR entwickelt und produziert, zum Beleuchten des Gefechtsfeldes bei Übungen oder im Gefecht, in den Teilstreitkräften der NVA benutzt wurde. Das flügelstabilisierte Geschoss erreichte eine Steighöhe von fast 2000 m, der Leuchtsatz brannte rund 60 s und schwebte an einem Fallschirm zur Erde. Die erste Version musste von einer separaten Startschiene verschossen werden, die zweite Version nutzte für den Verschuss den Transportbehälter.

In der NVA wurden Mitte der 1980er Jahre verschiedene Versuche unternommen, mobile Startanlagen für das FLG-5000 zu entwickeln. Diese Entwicklungsversuche mündeten in einer Abschussvorrichtung am Kampfhubschrauber Mi-8TB, in einem Einachs-Anhänger mit Startanlage für das FLG-5000 und in zwei Versionen mobiler Startanlagen auf dem SPW-40P2 UM.

Da das Basisfahrzeug SPW-40P2 UM keinen Turm besaß, konnte die hydraulisch zu hebende und zu senkende Abschusseinrichtung direkt auf dem Wannendach montiert werden. Bei der Version 1 wurden Abschussbehälter in zwei Viererpackungen eingesetzt, die Version 2 nutzte zwei Fünferpackungen. Durch die Verwendung eines SPW als Basis konnte, vor allem in den Landstreitkräften, der Einsatz des FLG-5000 schnell und beweglich erfolgen. Weiterhin war die Besatzung im SPW in der Lage, mit dem FLG-5000 problemlos im aktivierten Gelände zu handeln. 1987 wurden beide Versionen vorgestellt, wobei es bei diesen beiden Versuchsmodellen blieb.

Bf SPW-40P2 UM als mobile Startanlage für FLG-5000	
Umrüstungszeitraum	1987
Gefechtsmasse (t)	7
Besatzung	2
Abmessung L/B/H (mm)	5750 x 2350 x 2595
Bodenfreiheit (mm)	330
Basisfahrzeug	SPW-40P2 UM
Anzahl FLG-5000 Variante 1	2 x 4
Anzahl FLG-5000 Variante 2	2 x 5
Watfähigkeit (m)	schwimmfähig
Fahrbereich Str./Gel.(km)	450 / 415
Höchstgeschwindigkeit (km/h)	100
Steigfähigkeit (Grad)	30
Bezeichnung Motor	GAZ-41
Typ Motor	4-Takt-Otto / V-8
Leistung (PS/kW)	140 / 103
Hubraum (l)	5,53
Kraftstoffvorrat gesamt (l)	280
Kühlung	Wasser / Lüfter
Federung	Blattfedern

Die mobile Startanlage für das FLG-5000, hier die 2. Version mit 2 x 5 Startbehältern. Als Basis kam der SPW-40P2 UM zum Einsatz. Der Motorraum wurde mit Hilfe einer Metallabdeckung vor den Gasstrahlen der reaktiven Geschosse geschützt.

Bf GAZ-69 des Startfahrzeuges 2P26

Das Startfahrzeug 2P26 auf der Basis des Spezial-PKW GAZ-69 war zum Verschuss der Panzerabwehrlenkrakete 3M6 (PALR) des PALR-Komplexes 2K15 SCHMEL (deutsch HUMMEL) in den Panzerabwehreinheiten der MSR/MSD bestimmt. Bereits im Februar 1963 begann die Ausstattung der ersten MSR.

Im Basisfahrzeug mit schnell absenkbarem Verdeck waren alle Elemente der Start- und Lenkeinrichtung eingebaut. Der markante Fahrzeugaufbau war durch eine Zwischenwand aus Stahlplatten in Kampf- und Fahrerraum unterteilt. Im Kampfraum befanden sich die Höhen- und die Seitenrichtmaschine sowie die vier Führungsschienen der PALR. Im Fahrerhaus waren die Getriebe der Richt- und Lenkeinrichtung, die Lenkeinrichtung sowie das tragbare Funkgerät R-126 untergebracht. Das Startfahrzeug 2P26 verfügte über vier PALR, die entgegen der Fahrtrichtung des Fahrzeuges verschossen wurden. In Marschlage wurden die Raketen stehend transportiert, mit Hilfe eines mechanischen Getriebes wurde die Startanlage in Gefechtslage gebracht. Das Startfahrzeug wurde vom Lenkschützen (gleichzeitig Kommandant) und vom Fahrer bedient. Gut ausgebildete Bedienungen erreichten eine Feuergeschwindigkeit von zwei Raketen pro Minute. Für das Umstellen aus der Marsch- in die Gefechtslage und umgekehrt wurden 40 s benötigt.

Die Panzerabwehrlenkrakete 3M6 wurde im Flug durch einen Zweistufenkreisel stabilisiert und über zwei Drähte vom Lenkpult des Startfahrzeuges oder vom tragbaren Lenkpult in das Ziel gelenkt. Sie besaß einen Gefechtskopf mit Hohlladung. Als Lenkmethode fand die *Dreipunktmethode* Anwendung, was bedeutete, dass im Idealfall Startfahrzeug – PALR – Ziel durch eine gedachte Gerade miteinander verbunden waren. Die PALR hatte eine aerodynamische Form mit kreuzförmig angebrachten Flügeln. Sie wurde im Flug durch zwei Krängungsinterzeptoren, die ihre Signale von einem Kreisel erhielten, gegen das Verdrehen um die Längsachse gesichert. Mit Hilfe von vier Lenkinterzeptoren wurde die PALR in der horizontalen und in der vertikalen Ebene entsprechend den Kommandos des Lenkschützen gelenkt. Interzeptoren waren gebogene Bleche an den Enden der Raketenflügel, die durch Elektromagnete in Schwingung versetzt wurden und so entsprechende Richtungsänderungen der PALR hervorriefen. Bei einem Auftreffwinkel von 60°/90° lag die Durchschlagsleistung des Hohlladungs-Gefechtskopfes bei ca. 150/300 mm monolithen Panzerstahl. Die Weite des gelenkten Fluges lag zwischen 500 bis 2000 m, die mittlere Fluggeschwindigkeit bei 110 m/s.

Laut dem *Stellenplan für eine selbständige Panzerabwehr-Batterie eines MSR einer MSD* vom April 1962 verfügte ein MSR über vier Startfahrzeuge 2P26. Die ersten 48 Startfahrzeuge wurden 1963 eingeführt, sodass Ende des Jahres sämtliche MSR komplett ausgerüstet waren. Drei weitere Startfahrzeuge 2P26 wurden für Ausbildungseinrichtungen zugeführt.

Mit der Einführung des PALR-Komplexes 9K14 MALJUTKA in die selbständigen Panzerabwehr-Batterien ab 1966 wurden die Startfahrzeuge sukzessiv zur Auffüllung der Mob-MSR eingesetzt und später außer Dienst gestellt.

Bf GAZ-69 des Startfahrzeuges 2P26	
Einführungszeitraum	1963
Gefechtsmasse (t)	2,3
Besatzung	2
Abmessung L/B/H (mm)	3850 x 1970 x 2170
Basisfahrzeug	GAZ-69
Bodenfreiheit (mm)	210
Panzerabwehr-Lenkrakete	3M6
Kampfsatz PALR	4
Watfähigkeit (m)	550
Fahrbereich Str./Gel.(km)	525 /
Höchstgeschwindigkeit (km/h)	96
Steigfähigkeit (Grad)	57
Bezeichnung Motor	GAZ-41
Typ Motor	4-Takt-Otto / R-4
Leistung (PS/kW)	55 / 40
Hubraum (l)	2,112
Kraftstoffvorrat gesamt (l)	60 + 2 x 20
Kühlung	Wasser
Federung	Blattfedern

Das Startfahrzeug 2P26 in Marschlage mit abgeklapptem Verdeck.

Bf SPW-40P des Startfahrzeuges 2P27

Der SPW-40P in der Version SPW-40PB mit nach hinten erweitertem Kampfraum bildete die Basis für das Startfahrzeug 2P27. Verschossen wurde die drahtgelenkte Panzerabwehrlenkrakete 3M6 des PALR-Komplexes 2K16 SCHMEL, von der sich sechs Stück im Fahrzeug befanden.

Der Kampfraum wurde oben durch vier Dachplatten geschlossen, die beweglich mit den Seitenwänden verbunden waren. Beim Heben der Starteinrichtung wurde das Dach zusammengeklappt und längs der Seitenwände des Startfahrzeuges abgelegt. Zur Starteinrichtung gehörten die Startschienenanlage sowie die hydraulische und elektrische Anlage. In Marschlage befand sich die Startschienenanlage in der unteren Stellung, der Kampfraum war geschlossen, die Startschienen und das Dach waren gezurrt. Mit Hilfe der Hydraulikanlage wurde die Starteinrichtung in die Gefechtslage überführt. Dazu wurden die Startschienen und das Dach entzurrt, die Startschienen in Gefechtslage gehoben und automatisch der Abschusswinkel von 7° eingenommen. Zum Richten in der vertikalen Ebene wurde das Handrad am Visier 10P7 gedreht, die dadurch erzeugten Signale an die Hydraulikanlage übertragen, die die Startschienen in die entsprechende Richtung drehten. In ähnlicher Weise wurde in der horizontalen Ebene gerichtet. Zum Überführen der Starteinrichtung in die Marschlage brachte die Hydraulikeinrichtung die Startschienen in vertikaler und in horizontaler Ebene in die Null-Stellung, senkte sie in die unterste Stellung und schloss das Dach.

Die PALR wurden mit Hilfe der Lenk- und Visiereinrichtung gesteuert und aus dem Startfahrzeug heraus beobachtet. Das Grobeinrichten erfolgte durch das Drehen des Startfahrzeuges, das Feineinrichten wurde durch die Seitenrichtmaschine in den Grenzen von +/- 12° bewerkstelligt. Zur Lenk- und Visiereinrichtung gehörten die Bodenlenkeinrichtung, das Visier 10P7 und eine Kabeltrommel mit dem Anschlusskabel für das tragbare Lenkpult. Als Visier wurde ein zweiäugiges periskopisches Fernrohr mit 8-facher Vergrößerung verwendet. Die Versorgung mit elektrischer Energie wurde durch einen, mit dem Fahrzeugmotor verbundenen, Generator und zwei Akkumulatoren sichergestellt. Der Generator erzeugte eine Spannung von 27 V/ 36 A. Die beiden, im Startfahrzeug eingesetzten, Akkumulatoren wurden in Reihe geschaltet und stellten mit 24 Volt die Arbeit der Lenkeinrichtung sicher.

Mit einer Tankfüllung konnten bis zu 500 km gefahren werden. Für das Umstellen aus der Marsch- in die Gefechtslage und umgekehrt wurden 40 s benötigt.

Laut dem *Stellenplan für eine selbständige Panzerabwehr-Batterie eines MSR einer PD* vom April 1962 verfügte ein MSR über vier Startfahrzeuge 2P27. Die ersten acht Startfahrzeuge 2P27 wurden 1963 eingeführt, sodass Ende des Jahres beide MSR komplett ausgerüstet waren. Neun weitere Startfahrzeuge 2P27 wurden für die Erweiterung der selbständigen Panzerabwehr-Batterien (von vier auf sechs Startfahrzeuge) und für die Ausstattung der Ausbildungseinrichtungen zugeführt. Mit Einführung modernerer Startfahrzeuge wurden die 17 Startfahrzeuge 2P27 in Mob-Einheiten eingesetzt und später verschrottet.

Bf SPW-40P des Startfahrzeuges 2P27	
Einführungszeitraum	ab 1963
Gefechtsmasse (t)	5,85
Besatzung	2
Abmessung L/B/H (mm)	5700 x 2250 x 1900
Bodenfreiheit (mm)	315
Basisfahrzeug	SPW-40PB
PALR	3M6
Kampfsatz PALR	6
Watfähigkeit (m)	schwimmfähig
Fahrbereich Str./Gel.(km)	500 / –
Höchstgeschwindigkeit (km/h)	80
Steigfähigkeit (Grad)	30
Bezeichnung Motor	GAS-40P
Typ Motor	4 Takt Otto / R 6
Leistung (PS/kW)	90 / 66
Hubraum (l)	3,48
Kraftstoffvorrat gesamt (l)	150
Kühlung	Wasser
Federung	Blattfedern

Das Startfahrzeug 2P27 mit ausgefahrener Starteinrichtung und drei PALR 3M6. Das zweiäugige periskopische Visier 10P7 in Gefechtslage (unteres Bild).

Bf SPW-40P des Startfahrzeuges 9P110

Das Startfahrzeug 9P110 gehörte zum Bestand der Panzerabwehr-Lenkraketenbatterie eines MSR/MSD und löste ab 1966 das Startfahrzeug 2P26 nach und nach ab. Da die Spannweite der PALR 9M14, Bestandteil des PALR-K 9K14 MALJUTKA, nur 393 mm betrug, konnten sechs Startschienen in die Starteinrichtung integriert werden. Der Kampfsatz betrug 14 PALR.

Das Startfahrzeug 9P110 setzte sich aus dem Artillerieteil und dem Basisfahrzeug SPW-40PM zusammen. Das Artillerieteil entsprach in Aufbau und Wirkungsweise dem des Startfahrzeuges 2P27. Es gliederte sich in die Starteinrichtung mit den sechs Startschienen, die Höhen- und Seitenrichtmaschine, die hydraulische Hebeeinrichtung, den elektrischen Antrieb, die Lenkeinrichtung und die beiden Visiere 9Sch18M und 9Sch16. Die Startschienen nahmen die PALR auf und führten sie im ersten Flugabschnitt. Mit der Höhen- und Seitenrichtmaschine wurden die Startschienen nach den vom Visier 9Sch18M vorgegebenen Richtwinkeln gerichtet. Die Bewegung der Startschienen erfolgte mit Hilfe elektrischer Antriebe nach der Seite und der Höhe, konnte im Notfall aber auch von Hand vorgenommen werden. Die hydraulische Hebevorrichtung brachte die Starteinrichtung aus der Marsch- in die Gefechtslage und umgekehrt. Mit der Starteinrichtung wurde eine Deckplatte gehoben und gesenkt, die den Kampfraum des Startfahrzeuges und die PALR vor äußeren Einwirkungen schützte. Mit der Lenkeinrichtung wurden die PALR vom Lenkschützen gestartet und während des Fluges gelenkt. Das fest im Fahrzeug eingebaute Visier 9Sch18M diente der Beobachtung des Gefechtsfeldes, der Zielsuche sowie der Beobachtung des Fluges der PALR und des Ziels. Das zweite Visier

9Sch16 befand sich am tragbaren Lenkpult. So bestand die Möglichkeit, die PALR mit Hilfe eines tragbaren Lenkpults, bis zu 80 m vom SPW entfernt, zu verschießen.

Laut dem *Stellenplan und Ausrüstungsnachweis eines MSR einer MSD* vom August 1965 sollten die MSR der 4. und 8. MSD über je sechs Startfahrzeuge 9P110 verfügen. Die ersten 21 Startfahrzeuge wurden 1966 eingeführt, sodass Ende des Jahres die 8. MSD komplett mit 18, die 4. MSD, die Offiziersschule der LaSK und die MAK mit je einem Startfahrzeug ausgerüstet wurden. 1968 erhielt die 4. MSD die notwendigen 17 Startfahrzeuge. Bis 1972 war der Höchstbestand von 87 Startfahrzeugen 9P110 erreicht. Mit Zuführung des Nachfolgefahrzeuges 9P122 wurden die Startfahrzeuge 9P110 zur Ausrüstung der Mob-Divisionen eingesetzt. 1990 befanden sich in jedem Militärbezirk 35 Startfahrzeuge, eingesetzt in den Mob-Divisionen, neun Fahrzeuge wurden in zentralen Lagern abgestellt.

Aufgrund des Ablaufes der technischen Einsatzbereitschaft der PALR 9M14 und 9M14M hätte spätestens 1996 mit der Aussonderung der Startfahrzeuge 9P110 begonnen werden müssen. Die Bundeswehr übernahm noch 79 Startfahrzeuge 9P110 und ordnete sie in die Kategorie III – Aussonderung ein.

Bf SPW-40P des Startfahrzeuges 9P110	
Einführungszeitraum	ab 1966
Gefechtsmasse (t)	6
Besatzung	2
Abmessung L/B/H (mm)	5700 x 2200 x 2000
Bodenfreiheit (mm)	315
Basisfahrzeug	SPW-40PM
PALR	9M14
Kampfsatz PALR	14
Watfähigkeit (m)	schwimmfähig
Fahrbereich Str./Gel.(km)	500 / -
Höchstgeschwindigkeit (km/h)	80
Steigfähigkeit (Grad)	30
Bezeichnung Motor	GAS-40P
Typ Motor	4-Takt-Otto / R-6
Leistung (PS/kW)	90 / 66
Hubraum (l)	3,48
Kraftstoffvorrat gesamt (l)	190
Kühlung	Wasser
Federung	Blattfedern

Startfahrzeug 9P110 mit sechs PALR 9M14 des PALR-K 9K14 MALJUTKA, das Visier 9Sch18M in Gefechtslage (linke Seite).

Bf SPW-40P2 des Startfahrzeuges 9P122

Das Startfahrzeug 9P122 basierte auf dem SPW-40P2 Version GAZ 41-02 (Baujahr 1968), das mit den gleichen Elementen des PALR-Komplexes 9K14 MALJUTKA ausgerüstet war wie sein Vorgänger, dem Startfahrzeug 9P110.

Mit dem Startfahrzeug 9P122 erhielten die PALR-Batterien der MSR ein hochbewegliches, schwimmfähiges, extrem leises und schnelles Gefechtsfahrzeug, das auf der Straße bis zu 100 km/h fahren konnte. Für den Einsatz als Startfahrzeug 9P122 wurden einige Veränderungen am Basisfahrzeug vorgenommen. Der Fahrerraum war vom Kampfraum durch eine Trennwand mit hermetischer Luke getrennt. Der Turm und das Navigationsgerät fehlten, anstelle des UKW-Panzerfunkgerätes R-123 kam das Funkgerät R-105M zum Einsatz. Die Hydraulikanlage wurde für die Bedienung des PALR-Komplexes und der Lenzanlage verändert, die Anzahl der Beobachtungsgeräte wurde dem neuen Verwendungszweck angepasst. Das Startfahrzeug verfügte über eine Kernwaffenschutzanlage zum Schaffen eines Überdruckes im Fahrzeuginneren beim Überwinden von aktiviertem Gelände. Der Lenkschütze saß neben dem Fahrer vorn rechts. Zur Steuerung der Rakete erhielt das Fahrzeug im Bug anstelle der rechten Beobachtungsluke einen eckigen, gepanzerten Turm mit integriertem Visier 9Sch115A. Die Ausmaße des Startfahrzeuges (L x B x H) in Gefechtslage betrugen 5750 x 2350 x 2800 mm, verschossen wurde neben der PALR 9M14 die modernisierte PALR 9M14M auf gepanzerte Ziele mit einer Entfernung von 500 bis 3000 m.

Das Startfahrzeug 9P122 mit ausgefahrener Starteinrichtung und der PALR 9M14M

Bf SPW-40P2 des Startfahrzeuges 9P122	
Einführungszeitraum	1972 - 1975
Gefechtsmasse (t)	7
Besatzung	2
Abmessung L/B/H (mm)	5750 x 2350 x 2000
Bodenfreiheit (mm)	330
PALR	9M14, 9M14M
Watfähigkeit (m)	schwimmfähig
Fahrbereich Str./Gel.(km)	750 / –
Höchstgeschwindigkeit (km/h)	100
Steigfähigkeit (Grad)	30
Bezeichnung Motor	GAZ-41
Typ Motor	4-Takt-Otto / V-8
Leistung (PS/kW)	140 / 103
Hubraum (l)	5,53
Kraftstoffvorrat gesamt (l)	280
Kühlung	Wasser / Lüfter
Federung	Blattfedern

Bis 1975 führte die NVA 54 Startfahrzeuge 9P122 ein. Mit Übernahme der Lizenzproduktion des PALR-Komplexes 9K113 KONKURS plante die NVA die Umrüstung der Startfahrzeuge 9P122 auf diesen Komplex. Damit sollten die PALR-Batterien in den Divisionen der ständigen Gefechtsbereitschaft bis 1995 ausgerüstet werden. Dazu musste die technische Ausrüstung für den Verschuss der PALR 9M113 in das Startfahrzeug 9P122 integriert werden. Als Vorlage diente das Startfahrzeug 9P148. Die Kuppel des Startfahrzeuges 9P148 mit dem Lenkgerät 9Sch119M1 wurde auf das Wannendach vor der Kommandantenluke aufgesetzt. Die Startschienen mit dem Startschienenpaket mussten ausgewechselt und Halterungen für die PALR im Kampfraum integriert werden. Um eine Beschädigung der Kuppel beim Abschuss der PALR zu vermeiden, musste das Startschienenpaket um zusätzliche 500 mm angehoben werden. Für das unter der Bezeichnung **Startfahrzeug 9P122M** geführte Projekt entstanden bis 1990 die ersten Konstruktionsunterlagen.

Letztendlich übernahm die Bundeswehr alle 54 Startfahrzeuge 9P122 und ordnete sie in die Kategorie III – Aussonderung ein.

Bf SPW-40P2 des Startfahrzeuges 9P133

Bf SPW-40P2 des Startfahrzeuges 9P133	
Einführungszeitraum	1976 – 1983
Gefechtsmasse (t)	7,1
Besatzung	2
Abmessung L/B/H (mm)	5750 x 2350 x 2044
Bodenfreiheit (mm)	330
PALR	9M14P, 9M14P1
Kampfsatz PALR	14 – 18
Watfähigkeit (m)	schwimmfähig
Fahrbereich Str./Gel.(km)	750 / –
Höchstgeschwindigkeit (km/h)	100
Steigfähigkeit (Grad)	30
Bezeichnung Motor	GAZ-41
Typ Motor	4-Takt-Otto / V-8
Leistung (PS/kW)	140 / 103
Hubraum (l)	5,53
Kraftstoffvorrat gesamt (l)	280
Kühlung	Wasser / Lüfter
Federung	Blattfedern

Mit dem Startfahrzeug 9P133 erfuhr die Panzerabwehr der Panzerjäger-Batterien der MSR eine neue Qualität. Zum ersten Mal konnten PALR im Regime der halbautomatischen Lenkung verschossen werden. Dabei musste der Lenkschütze nur das Ziel mit der Visiereinrichtung anvisieren, während die PALR ihre Bahn entlang der Ziellinie selbsttätig korrigierte. Die mit dem Startfahrzeug 9P133 verschossenen PALR 9M14P und 9M14P1 des PALR-K 9K14P und 9K14P1 MALJUTKA-P wurden nach diesem Prinzip über einen Verbindungsdraht gelenkt. Durch den Übergang zum halbautomatischen Lenkverfahren konnte die Trefferwahrscheinlichkeit erheblich gesteigert, die Fluggeschwindigkeit der Raketen erhöht, ihre minimale Reichweite gesenkt sowie der beträchtliche Ausbildungs- und Trainingsaufwand reduziert werden. Vom Startfahrzeug 9P133 konnte auch die PALR 9M14M mit Handlenkung eingesetzt werden. Die Handlenkung wurde generell beim Schießen mit dem tragbaren Lenkpult oder vom Startfahrzeug 9P133 aus angewendet, wenn Lichtstörungen auftraten oder während des Überwindens von Wasserhindernissen.

Das Startfahrzeug 9P133 auf SPW-40P2 Version GAZ 41-06 (Baujahr 1973) unterschied sich äußerlich kaum vom Startfahrzeug 9P122. Augenscheinlichster Unterschied war der im Bug des Startfahrzeuges 9P133 eingebaute runde, gepanzerte Turm für das Visier und die schmale Beobachtungsluke für den Lenkschützen. Die Veränderungen am Basisfahrzeug entsprachen denen des Startfahrzeuges 9P122. Die Ausmaße des Startfahrzeugs in Gefechtslage (L x B x H) betrugen 5750 x 2350 x 2800 mm. Die Feuergeschwindigkeit lag bei 2 Starts/min. Für den Nahkampf verfügte das Startfahrzeug 9P133 über eine Panzerbüchse RPG7 mit fünf Panzergranaten PG7. Zum Kampfsatz gehörten 14 PALR, sechs auf den Startschienen und acht in Halterungen. In Ausnahmefällen konnten zwölf Raketen in Halterungen transportiert werden. Dabei musste die Kraftstoffauffüllung um 70 l verringert werden.

Bis 1983 wurden 156 Startfahrzeuge 9P133 in die PALR-Batterien der MSR und in Ausbildungseinheiten eingesetzt, die veralteten Startfahrzeuge 9P110 wurden zur Ausrüstung von Mob-Einheiten umgesetzt.

Im Zeitraum 1991 bis 2000 sollten sämtliche Startfahrzeuge 9P133 auf den PALR-Komplex 9K113 KONKURS für die Ausstattung der PALR-Batterien in den

Das Startfahrzeug 9P133, zu erkennen an der kleinen Beobachtungsluke für den Lenkschützen.

Divisionen der ständigen GB sowie zur Schaffung von je einer Batterie in den PJR-3 und -5 umgerüstet werden. Die Umrüstung der Startfahrzeuge entsprach den Arbeiten am Startfahrzeug 9P122.
Letztendlich übernahm die Bundeswehr alle 156 Startfahrzeuge 9P133 und ordnete sie in die Kategorie III – Aussonderung ein.

Vergleich zwischen Startfahrzeug 9P133 (links) und 9P122. Das Startfahrzeug 9P122 verfügte über eine Beobachtungsluke für den Fahrer und einen eckigen Turm für das Visier. Die Basisfahrzeuge konnten mit oder ohne Seilwinde ausgerüstet sein (9P133 ohne und 9P122 mit Seilwinde).

Bf SPW-40P2 des Startfahrzeuges 9P148

Die Basis des Startfahrzeuges 9P148 war der SPW-40P2 Version GAZ 41-08 (Baujahr 1973). Der Einsatz des Startfahrzeuges sollte in den Panzerjägerabteilungen bzw. -regimentern der Militärbezirke erfolgen. Zum Kampfsatz des Startfahrzeuges 9P148 gehörten 15 PALR 9M113. Eine andere Möglichkeit war die Ausrüstung mit 20 PALR 9M113 und 9M111-2, wobei die Anzahl der PALR 9M113 mindestens fünf und maximal zehn betragen musste.
Mit der PALR 9M113 des PALR-Komplexes 9K113 KONKURS konnten Ziele auf Entfernungen von 75 bis 4000 m und mit der PALR 9M111-2 des PALR-Komplexes 9K111 FAGOT auf Entfernungen von 70 bis 2000 m bei maximaler Zielgeschwindigkeit von 60 km/h vernichtet werden.
Das Startfahrzeug 9P148 verfügte über eine hohe Manövrierfähigkeit, über Ausrüstung zum Überwinden von Wasserhindernissen und zum Überfahren von Gräben und Stellungen. Die Einrichtungen des Startfahrzeuges ermöglichten ein schnelles Überführen von der Marsch- in die Gefechtslage während des Marsches und in der Feuerstellung. Das Beobachten des Gefechtsfeldes erfolgte mit Hilfe von Winkelspiegeln und die Zielsuche und -erfassung mit dem Lenkgerät 9Sch119M1. Die PALR konnte halbautomatisch oder von Hand gelenkt werden. Sie wurde vom Startfahrzeug aus dem Halt oder von der abgesetzten tragbaren Starteinrichtung 9P135M verschossen. Die Starteinrichtung mit den fünf Startschienen befand sich in Marschlage und beim Beladen abgeklappt im Fahrzeuginneren. In Gefechtslage wurde sie hochgeklappt und synchron mit dem Lenkgerät gerichtet. Nach dem Schießen warf sie die leeren Container oder Versager ab.
Die Ausmaße des Startfahrzeugs 9P148 in Gefechtslage

Bf SPW-40P2 des Startfahrzeuges 9P148	
Einführungszeitraum	1984 - 1990
Gefechtsmasse (t)	7
Besatzung	2
Abmessung L/B/H (mm)	5750 x 2350 x 2195
Bodenfreiheit (mm)	330
Bewaffnung Variante 1	15 x 9M113
Bewaffnung Variante 2	20 x 9M113 + 9M111
Kampfsatz V1 / V2	15 / 5 + 10
Watfähigkeit (m)	schwimmfähig
Fahrbereich Str./Gel.(km)	750 / –
Höchstgeschwindigkeit (km/h)	100
Steigfähigkeit (Grad)	30
Bezeichnung Motor	GAZ-41
Typ Motor	4-Takt-Otto / V-8
Leistung (PS/kW)	140 / 103
Hubraum (l)	5,53
Kraftstoffvorrat gesamt (l)	280
Kühlung	Wasser / Lüfter
Federung	Blattfedern

(L x B x H) betrugen 5750 x 2350 x 2485 mm. Die Feuergeschwindigkeit betrug 2,5 Starts/min.
Die letzten 16 Startfahrzeuge erhielt die NVA 1990, die Bundeswehr übernahm 52 Stück.

Das Startfahrzeug 9P148 in Marschlage, das Lenkgerät 9Sch 119M1 befand sich auf der rechten Wannendecke (oberes Bild). Auf den Startschienen konnten die PALR 9M113 (außen) und 9M111 (innen) aufgesetzt werden.

Bf SPW-40P2 des Startfahrzeuges 9P31M

1975 erhielten die Einheiten der Truppenluftabwehr in den drei PR/7. PD jeweils drei Startfahrzeuge 9P31M auf Basis des SPW-40P2 Version GAZ 41-05 (Baujahr 1973). Geplant war der Einsatz von 40 Startfahrzeugen in sämtlichen PR der NVA und weiteren acht in Ausbildungseinheiten. Die Zuführung sollte bis 1980 abgeschlossen sein. Aufgrund der Produktionseinstellung 1977 in der UdSSR konnte dieses Vorhaben nicht realisiert werden. Neben den zwölf zugeführten Startfahrzeugen 9P31M erhielt die NVA für Ausbildungszwecke drei zusätzliche Startfahrzeuge, eins erhielt die OHS der LaSK und zwei fanden im Fla-Raketen-Ausbildungzentrum-40 Verwendung.
Verschossen wurden die Fla-Raketen 9M31 oder 9M31M des Fla-Raketenkomplexes 9K31M STRELA-1M gegen tieffliegende Ziele in Höhen von 30 bis 3500 m. Da die Beobachtung des Gefechtsfeldes, die Aufklärung des Luftgegners sowie seine Begleitung nur optisch und somit ohne Funkmess-Selbststrahlung erfolgte, war das Startfahrzeug vor gegnerischer Funkmess-Aufklärung geschützt.

Auffällig waren bei dieser Modifikation die kompakten Verkleidungen der Beleuchtungselemente auf dem Bug des SPW zum Schutz vor dem Gasstrahl der Fla-Rakete. Um Platz für die Unterbringung der Baugruppen im Kampfraum zu gewinnen, wurde u. a. auf die absenkbaren Zusatzräder mit hydraulischen Hubzylindern und deren Antrieb verzichtet. Auf und im Gefechtsfahrzeug waren die Starteinrichtung mit vier Startschienen, die Startapparatur, die Visiereinrichtung mit optischem Visier und Grobvisier sowie die Elektroausrüstung und Hilfsausrüstung untergebracht. Auf der Starteinrichtung des Gefechtsfahrzeuges befanden sich in der Regel vier Fla-Raketen in Containern. Es bestand die Möglichkeit, beim Durchfahren von ebenem, offenem Gelände, zwei zusätzliche Fla-Raketencontainer, außen am Fahrzeug befestigt, mitzuführen. Der Richtbereich der Starteinrichtung betrug nach dem Höhenwinkel -5° bis +80°. Das Richten der Starteinrichtung auf das Ziel, das Überführen aus der Marsch- in die Gefechtslage und umgekehrt geschah mittels der Muskelkraft des Lenkschützen. Das im Turm eingebaute Schutzglas gewährleistete die visuelle Beobachtung und diente dem Schutz vor Geschossen und Splittern sowie vor dem Gasstrahl der Fla-Rakete. Das Ziel wurde mit dem Grobvisier angerichtet. Es befand sich über dem optischen Visier und bewegte sich synchron mit der Starteinrichtung. Das optische Visier diente dem genauen Ausrichten der Starteinrichtung auf das Ziel, damit der Zielsuch-Lenkkopf der Fla-Rakete das Ziel erfassen konnte.

Die Ausmaße des Startfahrzeuges in Gefechtslage (L x B x H) betrugen 5750 x 2350 x 3990 mm.

Die in Containern untergebrachten Fla-Raketen 9M31 und 9M31M waren zur Vernichtung tieffliegender Luftziele durch direkte Treffer oder durch Selbstzerlegung im Vorbeiflug bestimmt. Die Vernichtungszone reichte von 900 bis 4200 m, wobei ein Höhenbereich von 30 bis 3500 m abgedeckt wurde. Als Lenkmethode fand die *Methode der proportionalen Annäherung* Verwendung. Die Fla-Rakete bestimmte die Information zur Lenkung durch den optisch-passiven Zielsuch-Lenkkopf. Dadurch war der Einsatz des Fla-Raketenkomplexes nur bei Tageslicht möglich. Die Stabilisierung der Fla-Rakete erfolgte während des Fluges durch die Drehung um die Längsachse. Die mittlere Fluggeschwindigkeit lag bei 500 m/s, die maximale Fluggeschwindigkeit erreichte 536 m/s.

Ab 1986 erhielten die drei PR/7.PD den Fla-Raketenkomplex 9K35M STRELA-10M. Somit wurden jeweils vier Startfahrzeuge 9K31M in das MSR-16 und in das MSR-18 (11.MSD) umgesetzt. Ein Startfahrzeug 9P31M befand sich an der OHS der LaSK und zwei Fahrzeuge im Fla-Raketen-Ausbildungszentrum-40. Vier Startfahrzeuge 9K31M wurden bis zur Auflösung der NVA eingelagert. Im Gesamtbestand der zur Verwertung gesammelten Technik der NVA wurden 15 Gefechtsfahrzeuge 9P31M auf SPW-40P2 aufgelistet. Von diesen 15 Fahrzeugen wurden elf Fahrzeuge lt. KSE-Vertrag verschrottet, vier Fahrzeuge sollen an Dritte abgegeben worden sein.

Bf SPW-40P2 des Startfahrzeuges 9P31M	
Einführungszeitraum	1975
Gefechtsmasse (t)	7,2
Besatzung	3
Abmessung L/B/H (mm)	5750 x 2350 x 2550
Bodenfreiheit (mm)	330
Fla-Rakete	9M31M
Kampfsatz Fla-Raketen	6
Basisfahrzeug	SPW-40P2
Watfähigkeit (m)	schwimmfähig
Fahrbereich Str./Gel.(km)	750 / –
Höchstgeschwindigkeit (km/h)	100
Steigfähigkeit (Grad)	30
Bezeichnung Motor	GAZ-41
Typ Motor	4-Takt-Otto / V-8
Leistung (PS/kW)	140 / 103
Hubraum (l)	5,53
Kraftstoffvorrat gesamt (l)	280
Kühlung	Wasser / Lüfter
Federung	Blattfedern

Das Gefechtsfahrzeug 9P31M in Marschlage (linkes Bild) und in Gefechtslage.

Schützenpanzerwagen PSH (Art)

1979 erhielten die Artillerieeinheiten der Grenztruppen der DDR Aufklärungsfahrzeuge SPW PSH (Art), die durch eigene Werkstätten umgerüstet wurden. Die Höhe des Gesamtbedarfes wurde auf 39 Stück angesetzt.

Äußerlich an dem Transportgestell mit großer Transportkiste für den Optischen Entfernungsmesser-2 (OEM-2) auf der Motorabdeckung erkennbar, ergänzten vor allem ein Richtkreis PAB-2A mit Stativ, drei Funkgeräte R-108M, zwei Arbeitskoffer für Wetterschutz (AKOW-70), zwei Kommandeurs-Fernbedienungsgeräte-2 sowie drei Kabeltrommeln für die Herstellung drahtgebundener Nachrichtenverbindungen die Ausrüstung. Für die Nutzung der Funkgeräte R-108M wurden zusätzlich drei Antennenanschlüsse auf dem Heck des SPW angebracht, die Halterungen für die Kabeltrommeln wurden auf den schrägen Seitenwänden befestigt. Der Außenanschluss der Bordsprechanlage wurde für einen Fernbedienungsanschluss des Funkgerätes R-108M umfunktioniert. Ein Schrank in der Motortrennwand diente der Unterbringung von Stativ und EWZ des OEM-2 sowie vom Richtkreis PAB-2A. Durch den Wegfall von zwei Sitzplätzen im Kampfraum wurde Platz für die im Fahrzeug transportierte Ausrüstung geschaffen. Außerdem wurde der Kampfsatz für die Turmbewaffnung auf 50% reduziert.

Schützenpanzerwagen PSH (Art)	
Umrüstungszeitraum	1979
Basisfahrzeug	SPW PSH
Gefechtsmasse (t)	7,66
Besatzung	7
Abmessung L/B/H (mm)	5695 x 2800 x 2308
Bodenfreiheit (mm)	300
Hersteller	Ungarische Volksrepublik
Turm-MG	KPWT 14,5
Panzer-MG	PKT 7,62
Kampfsatz Hauptbewaffnung	250
Watfähigkeit (m)	schwimmfähig
Fahrbereich Str./Gel.(km)	825 / 625
Höchstgeschwindigkeit (km/h)	80
Steigfähigkeit (Grad)	30
Bezeichnung Motor	D-414.44/2
Typ Motor	4 Takt Diesel / R 4
Leistung (PS/kW)	100 / 74
Hubraum (l)	5,516
Kraftstoffvorrat gesamt (l)	220
Kühlung	Wasser / Lüfter
Federung v / h	Schrauben- / Blattfeder

Der SPW PSH (Art), der große Behälter auf der Motorabdeckung beinhaltete den Optischen Entfernungsmesser-2, rechts und links am Fahrzeugheck waren die zusätzlichen Kabeltrommeln befestigt.

Bf Kettentraktor S-80 und S-100 als Zugmittel für schwere Artilleriewaffen

Die Kettentraktoren S-80 und S-100 waren die ersten Kettenzugmittel, die für das Bewegen schwerer Artilleriewaffen, wie die 152-mm Kanonen-Haubitze ML-30 oder die 152-mm Haubitze D-1, in der KVP und in der NVA eingesetzt wurden. 1956 befanden sich z.B. 48 Kettentraktoren S-80 im neu gegründeten Artillerie-Regiment-5. Neben der niedrigen Geschwindigkeit machte sich auch der Mangel an Transportkapazität für die Bedienung, Munition und sonstige Ausrüstung bemerkbar.
Mit der Einführung des mittleren Kettenzugmittels ATS ab 1956 erfolgte die sukzessive Aussonderung aus den militärischen Einheiten und die Überführung in die Volkswirtschaft der DDR.

Als Zugmittel für die 152-mm Kanonen-Haubitze ML-30 Modell 37 wurde der Kettentraktor S-80 eingesetzt.

Bf ATL der Artillerie-Funkmessstationen-1, -2 und -6

(CHAP-1 – Станция наземной артиллерийской разведки = SNAR-1 – Boden-Artillerieaufklärungsstation)

Die Artillerie-Funkmessstation-1 (AFMS-1), es wurde auch die Abkürzung SNAR-1 verwendet, diente dem Orten von großen, sich bewegenden Erd- und Wasserzielen sowie dem ständigen Bestimmen von deren Koordinaten bei quasi-optischer Sicht, unabhängig von den Sichtbedingungen.
Mit Hilfe der Rundumbeobachtung konnten Richtungs- und Entfernungsangaben für die eigene schießende Artillerie ermittelt werden. Wurde die AFMS-1 in der Sektorenbeobachtung eingesetzt, konnten durch das Anschneiden der Einschläge Werte für die Feuerkorrektur errechnet werden.
Als Basis für die Funkmessapparatur der Artillerie-Funkmessstation-1 diente das leichte Kettenzugmittel ATL. Zur Station gehörte ein mittlerer LKW ZIL-151, der zwei Elektroaggregate ALB-8M1-UD2 transportierte. Die Antenne strahlte als Richtantenne scharfgebündelte elektro-magnetische Wellen mit einer Frequenz von ca. 9500 Hz und einer Impulsleistung von 35 bis 65 kW ab. Mit derselben Antenne wurden die reflektierten Impulse empfangen. Durch einen Antennenumschalter wurde ständig zwischen Senden und Empfangen gewechselt. Der Empfängerausgang bediente die beiden Sichtgeräte, die im Koffer verbaut waren. Dabei diente das eine Sichtgerät für die Zielortung, das zweite für die Zielbegleitung. Beim Arbeitsregime Rundumbeobachtung drehte sich die Antenne mit 5 bis 7 U/min. Um ein zusammenhängendes Bild zu erhalten, wurde das Sichtgerät für die Zielortung mit einer Elektronenstrahlröhre ausgestattet, die über eine hohe Nachleuchtdauer (6 bis 10 s) verfügte. Die Station gewährleistete die Rundumbeobachtung des Geländes bis 40 km, einzelne Personen wurden bis 5 km, Panzer bis 16 km erkannt. Der Bereich der Antennensteuerung betrug horizontal 360°, vertikal -8° bis +80°. Der tote Raum vor der Station lag bei 350 m.
Zur Station gehörte eine Bedienung von 5 Mann, zwei Fahrer, zwei Funkorter und der Gruppenführer. Die Ausmaße der Artillerie-Funkmessstation-1 (L x B x H) in Marschlage betrugen 5400 x 2435 x 3225 mm bei einer Masse von 8280 kg. Die Gefechtsmasse des mittleren LKW betrug 7900 kg.
Während die AFMS-1 auf der Basis des leichten Ketten-

zugmittels ATL aufbaute, wurde für die AFMS-2 und für die AFMS-6 das leichte Kettenzugmittel ATL (M) verwendet. Alle drei Funkmessstationen waren in Kabinen auf der Ladefläche aufgebaut und dienten der Ortung und ständigen Bestimmung von Koordinaten sich bewegender Erd- und Seeziele. Die Ortungsentfernung der AFMS-1/AFMS-2/AFMS-6 lagen bei 40/50/60 km. Die Energieversorgung der AFMS-2 und der AFMS-6 sicherten zwei Elektroaggregate AB-4-O/115-425 auf einem mittleren LKW ZIL-157 Pritsche/Plane ab.

Die Artillerie-Funkmessstation-1 in Gefechtslage.

Die zwei, ab 1957, in den AR der MB eingesetzten AFMS-1 wurden mit Zuführung der AFMS-2 ab 1963 umgesetzt. Ihr Vorhandensein ließ sich bis 1970 nachverfolgen. Die AFMS-2 kam in den AR der MB und in den Führungsbatterien der MSD zum Einsatz. Ab 1966 kam die AFMS-6 zum Einsatz. Sie verfügte u.a. über einen passiven Störschutz und zweifarbige Sichtgeräte.

Mitte der 1970er Jahre wurden die Gerätesätze der AFMS-2 und -6 in das Spezial-Kfz URAL-375 mit Koffer EK1 umgesetzt. Die leichten Kettenschlepper ATL (M) wurden ausgesondert.

Mit Zuführung der AFMS-10 ab 1977 wurden die AFMS-2 und -6 ausgesondert und in Mob-Einheiten bzw. in die zentrale Reserve überführt.

In einer Kurzanalyse zur Bestandsentwicklung und zur Perspektive der Funkmessmittel der LaSK bemerkte der Chef RWD im Dezember 1985:

Ausgehend davon, daß im Protokoll der Entwicklung der NVA für den Zeitraum 1986 bis 1990 die Aufgabe enthalten ist, mit der Bereitstellung von Technik für eine weitere Mot-Schützendivision auf Mob.-Basis zu beginnen, sollten die vorgesehenen Aussonderungen, insbesondere bei Artilleriefunkmeßstationen-6 nochmals mit dem Ziel geprüft werden, diese Technik weiter als zentrale Reserve im Bestand zu belassen.

Bf ATL der Artillerie-Funkmessstation-2 und -6	
Einführungszeitraum	AFMS-2 ab 1963
Gefechtsmasse (t)	8,7
Abmessung Marschlage L/B/H (mm)	5270 x 2370 x 3160
Abmessung Gefechtslage L/B/H (mm)	6060 x 3600 x 3550
Basisfahrzeug	ATL (M)
Spurweite (mm)	1900
Bodenfreiheit (mm)	350
Watfähigkeit (m)	1
Aufklärungsweite max. (km)	50
Höchstgeschwindigkeit (km/h)	42
Steigfähigkeit (%)	46,5
Fahrbereich Str. / Gel. (km)	300 / 270
Bezeichnung Motor	JaAZ-204
Typ Motor	2-Takt-Diesel / R4
Leistung (PS/kW)	130 / 96
Hubraum (l)	4.66
Kraftstoffvorrat gesamt (l)	300
Kühlung	Wasser

Bestandsmeldungen:			
1963:	1964:	1967:	1970:
2 x AFMS-1	2 x AFMS-1	2 x AFMS-1	2 x AFMS-1
1 x AFMS-2	8 x AFMS-2	9 x AFMS-2	9 x AFMS-2
		1 x AFMS-6	3 x AFMS-6

Die AFMS-2 (linkes Bild) in Gefechtslage, die AFMS-6 in Marschlage. Die Unterschiede zwischen beiden Stationen ließen sich nur an der technischen Ausrüstung erkennen.

Bf ATS als Zugmittel für Artilleriewaffen

Die Zugkraft des mittleren Kettenzugmittels ATS betrug ca. 15.000 kg. Damit war es in der Lage, sämtliche schwere Artilleriewaffen wie die 152-mm Kanonen-Haubitze ML-30 Modell 37 (7130 kg), die 152-mm Haubitze D-1 Modell 43 (3600 kg) oder die 100-mm Flak KS-19M3 (9450 kg) sowohl auf der Straße als auch im Gelände zu ziehen. Zu den gängigen Anhängegeräten zählten weiterhin die Startrampe SM63P (12.300 kg) des Fla-Raketensystems SA75 DWINA, die Startrampe SM90 (14.200 kg) des Fla-Raketensystems S-75 WOLCHOW, die Startrampe B163 (14.800 kg) des Küstenraketensystems 4K87 SOPKA, die Geschützrichtstationen 9 und 9A (7000 kg), die Flak-Kommandogeräte 6-19 und 6-60 (5500 kg) sowie zahlreiche Anhänger mit Gefechtsmassen von bis zu 11.000 kg. Die großräumige Fahrerkabine ließ den geschützten Transport von insgesamt sieben Personen zu und die Nutzmasse der Ladefläche von 3000 kg machte die Mitnahme von großen Teilen der Kampfsätze und entsprechendem EWZ möglich.
Mit Zuführung des schweren LKW TATRA-813 und des mittleren Kettenzugmittels ATS-59 begann ab 1966 die Aussonderung des mittleren Kettenzugmittels ATS in großem Umfang. Bis zu diesem Zeitpunkt ließen sich 665 Fahrzeuge nachweisen.

Das mittlere Kettenzugmittel ATS zog die 152-mm Kanonen-Haubitze ML-30 Modell 37 (oberes Bild) und die 152-mm Kanone D-1 Modell 43.

Die 100-mm Flak KS-19M3 und das mittlere Kettenzugmittel ATS paradierten in den 1960er Jahren in Berlin.

Bf ATT der Artillerieaufklärungsstation ARSOM-1 MOLNIJA

(АРСОМ-1 – Артиллерийская радиолокационная станция обнаружения миномётов Молния = ARSOM-1 – Artillerie-Mörsererkennungsradar MOLNIJA (BLITZ))

Die Funkmessstation ARSOM-1 MOLNIJA in Gefechtslage.

Die ersten Arbeiten zur Schaffung von Funkmessstationen für die Aufklärung der Feuerpositionen von Granatwerfern wurden in der UdSSR bereits Mitte der 1940er Jahre begonnen. Das erste Funktionsmuster dieser Aufklärungsstation wurde 1951 unter der Bezeichnung ARSOM-1 MOLNIJA von der sowjetischen Armee übernommen.

Da die Ausrüstung der Funkmessstation ARSOM-1 ca. 25.000 kg wog, wurde als Basis für die Kabine das schwere Kettenzugmittel ATT genutzt. Trotz des Basisfahrzeuges war die Beweglichkeit im Gelände stark eingeschränkt, auf der Straße konnten höchsten 30 km/h erreicht werden. Aufgrund dessen begann der Finalproduzent unmittelbar nach der Inbetriebnahme der Funkmessstation ARSOM-1 mit Arbeiten zur Schaffung einer einfacheren und kompakteren Station, die schließlich in der Funkmessstation ARSOM-2 ISKRA auf den leichten Kettenzugmitteln ATL und ATL (M) mündeten.

Die Funkmessstation ARSOM-1 MOLNIJA klärte Feuerstellungen von Granatwerfern mit Kalibern bis 107 mm in Entfernungen bis 7 km, Granatwerfer mit Kalibern über 120 mm bis 12 km auf. Mit Hilfe der ermittelten Angaben über Richtung und Entfernung der feuerführenden Artillerie des Gegners konnte die eigene Artillerie wirksam unterstützt werden. Die Zeit für die Überführung der Station von der Marsch- in die Gefechtslage betrug 30 min, zurück in die Marschlage wurden 20 min benötigt. Für den Transport des nötigen EWZ kam ein leichter LKW GAZ-63 mit Einachs-Anhänger 1AP-1.5 zum Einsatz. Für die Bedienung der Station waren sechs Personen notwendig.

1956 erschien die *Richtstation ARSOM-1* in den Planungsunterlagen beim *Chef der Artillerie-Truppen*. Die Beschaffung einer Station wurde befürwortet, wobei: *... ist dem Modell ARSOM-2 der Vorzug gegenüber dem Modell ARSOM-1 zu geben*. Die NVA hat die Funkmessstation ARSOM-1 nicht erhalten.

Bf ATL der Artillerieaufklärungsstation ARSOM-2 ISKRA

(АРСОМ-2 – Артиллерийская радиолокационная станция обнаружения минометов Искра = ARSOM-2 – Artillerie-Mörsererkennungsradar ISKRA (FUNKE))

Im Juni 1954 wurden die erforderlichen Tests mit der Artillerieaufklärungsstation ARSOM-2 erfolgreich beendet und die Station in die sowjetische Armee übernommen. Die Station wurde als wirksames Mittel zur Aufklärung der Stellungen feindlicher Granatwerfer und Haubitzen (Richtung und Entfernung der Abschuss- und Einschlagstelle) mit einem Kaliber von bis zu 122 mm eingesetzt. Unter bestimmten Bedingungen war die Aufklärung von Geschosswerfern und Flugabwehrwaffen sowie das Bestimmen der Anfangsgeschwindigkeiten der Artilleriegranaten möglich. Der Einsatz konnte bei aktiven und passiven Störungen sowie bei ungünstigen meteorologischen Bedingungen (Regen, Schneeregen, Wolken) erfolgen. Die Einsatzentfernungen entsprachen denen der Artillerieaufklärungsstation ARSOM-1.

Die Ausrüstung der Artillerieaufklärungsstation konnte aufgrund des Einsatzes modernster elektrischer Bauteile und einer neuen Stromversorgungsanlage in einem Koffer auf Basis der leichten Kettenzugmaschine ATL oder ATL (M) untergebracht werden. Die Gefechtsmasse sank auf 9500 kg, zur Besatzung gehörten fünf Mann. Die Zeit für die Überführung der Station von der Marsch- in die Gefechtslage betrug 20 min, zurück in die Marschlage wurden 15 min benötigt. Der mittlere Fehler bei der Ermittlung des Geschosseinschlages betrug ca. 30 m in der Entfernung. Die maximalen Marschgeschwindigkeiten Straße/Gelände lagen bei 35/20 km/h.

Im Plan der Entwicklung der NVA für den Zeitraum 1976 bis 1980 wurden 17 Artillerieaufklärungsstationen ARSOM-2 für die Ausrüstung der Funkmessaufklärungszüge in den AR und den Führungsbatterien der Chefs Raketen/Artillerie der MSD/PD geplant, bis 1985 sollten neun weitere folgen. Bereits 1981 wurde in den Planungen für den Zeitraum 1981 bis 1985 die Artillerieaufklärungsstation ARSOM-2 gestrichen: ... *da keine Liefermöglichkeit der Technik besteht.* Die Funkmessaufklärungszüge wurden zur Freisetzung von Planstellen aufgelöst.

Die Artillerieaufklärungsstation ARSOM-2 ISKRA auf Basis des leichten Kettenzugmittels ATL in Gefechtslage.

Panzertechnik und Basisfahrzeuge zur Aufnahme von Pioniertechnik

Bf SPW-152W1 für das Minenlegegerät PMR-2

(прицепной минный раскладчик ПМР-2 = gezogener Minenverleger PMR-2)

Durch den Einsatz moderner Panzer und gepanzerter Truppentransporter (SPW) erhöhte sich das Tempo der militärischen Einheiten ab Ende der 1940er Jahre wesentlich, was auch beim Einsatz von Massenvernichtungsmittel eine unbedingte Notwendigkeit darstellte. Demzufolge gewannen Minensperren unter den Bedingungen des modernen Gefechts eine besondere Bedeutung. Durch das hohe Angriffstempo war es erforderlich, in kürzester Zeit Minensperren anzulegen, die den Gegner zur Verlangsamung des Angriffstempos zwangen, ihn in eine bestimmte Richtung drängten und ihm hohe Verluste zufügten. Aufgrund der Forderung des schnellen Anlegens von Minensperren ergab sich die Notwendigkeit, Panzerminen durch mechanische Mittel zu verlegen, was in der Regel bei unmittelbarer Berührung mit dem Gegner erfolgte. Grundsätzlich wurde das Problem des mechanischen Verlegens von Panzerminen seit Ende der 1940er Jahre behandelt und verschiedene Verlegegeräte für diesen Zweck entwickelt. Die ersten Minenlegegeräte waren nur zum offenen Verlegen geeignet. Ein verdecktes Verlegen der Minen war zwingend notwendig, um die Minen durch eine Erdüberdeckung der Wirkung der Kernwaffen weitestgehend zu entziehen und dem Gegner die Aufklärung der Minensperren zu erschweren. Die mechanischen Verlegegeräte nutzten für den Einsatz ein gepanzertes oder ungepanzertes Zugmittel.
Mit dem sowjetischen Minenlegegerät PMR-2 (MLG) konnten die in der NVA eingesetzten Panzerminen TM-46 oder TM-57 nur offen verlegt werden. Es besaß zwei Rutschen mit einem Abstand von ca. 1,5 m. Die Panzerminen wurden mit Hilfe eines Steuersystems abwechselnd von jeder Rutsche in zwei bzw. vier Meter Entfernung abgelegt. Das Minenlegegerät PMR-2 sollte von einem SPW-152 gezogen werden, auf dem sich bis 150 Panzerminen befanden. Der Nachteil dieses Gerätes bestand darin, dass die Minen nur offen verlegt werden konnten und dass es erforderlich war, bei Arbeiten mit beiden Rutschen, nachträglich die Minen von Hand auf Abstände von ca. 10 m auseinanderzuziehen.

Die NVA unternahm Anfang der 1960er Jahre Untersuchungen zur Verwendungsfähigkeit des MLG PMR-2 in den Pioniereinheiten. Letztendlich wurde dem Nachfolger, dem MLG PMR-3, der Vorrang gegeben.

Der SPW-152W1 als Zugmittel des Minenlegegerätes PMR-2.

Bf SPW-152W1 für das Minenlegegerät PMR-3

Das sowjetische Minenlegegerät PMR-3 war eine Weiterentwicklung des MLG PMR-2, mit dem erstmals Panzerminen verdeckt im Erdreich oder im Schnee verlegt werden konnten. Das MLG besaß eine Rutsche, an deren unterem Ende ein Pflug montiert war. Der Pflug hob eine Rinne aus, in der die Panzerminen in Abständen von 4 oder 5,5 m abgelegt wurden. Bei einem Verlegeabstand von 4 m war es möglich, 150 Minen auf einer Strecke von 600 m in 4,5 min, bei einem Verlegeabstand von 5,5 m, 150 Minen auf einer Strecke von 825 m in 5 min zu verlegen. Ein Kontraktpflug (Streichblech) schüttete die Rinne wieder zu, sodass die Minen getarnt waren. Das Minenlegegerät PMR-3 wurde von einem SPW-152W1, möglich war auch der Einsatz konventioneller LKW, gezogen. Im Kampfraum des SPW waren zwei Minenschränke eingebaut, die bis zu 150 Panzerminen aufnahmen. Zur Bedienung des MLG war ein Soldat erforderlich, der während des Einsatzes auf dem MLG saß und die Minenrutsche mit Hilfe einer Seilwinde hob oder senkte. Zum Befüllen der Minenrutsche kamen bis zu drei Soldaten zum Einsatz. Eine Antriebseinrichtung übertrug die Drehbewegung der Räder auf das Auslegegetriebe und auf die Zündereinstelleinrichtung. Die Verlegegeschwindigkeit lag je nach Bodenqualität zwischen 3 bis 8 km/h, die Transportgeschwindigkeit auf der Straße konnte bis 40 km/h betragen.

1963 wurden in den Nachweisdokumenten des Pionierwesens 41 Minenlegegeräte

Der SPW-152W1 wurde als Zugmittel für das Minenlegegerät PMR-3 eingesetzt.

Das Minenlegegerät PMR-3 in Marsch- und Arbeitslage (rechtes Bild). Der Sitz des Geräteführers befand sich drehbar auf der rechten Seite vor dem Rad.

Bf SPW-152W1 für das Minenlegegerät-37

Aufbauend auf dem sowjetischen Vorbild, dem Minenlegegerät PMR-3, entwickelte das Pionierwesen der NVA Ende der 1950er Jahre ein eigenes Minenlegegerät.
Das Arbeitsprinzip beruhte auf der schiefen Ebene, die Minen rutschten aufgrund ihres Eigengewichts auf der Rollbahn zur Ablagevorrichtung. Der Zweischarpflug schuf im Erdreich genügend Raum für die Minen und deckte die verlegten Minen durch einen Zuschütter wieder zu. Beim verdeckten Verlegen auf Wiesen schloss sich die Grasnarbe nach dem Verlegen vollständig. Die Panzerminen konnten in variablen Abständen zwischen 4 bis 6 Meter offen oder verdeckt verlegt werden. Dazu wurde die Drehbewegung der Räder als Antriebseinrichtung für das Verlegegetriebe genutzt. Vor und nach dem Einsatz musste das MLG manuell auf den Einsatz oder den Transport umgestellt werden. Beim Einsatz des MLG-37 musste das Reserverad abgenommen und auf dem Wannendach deponiert werden.
Bei den durchgeführten Testverlegungen traten technische Mängel auf, die zur Deformierung der Minen führten. Als Folge musste das Verlegungssystem überarbeitet werden, was zum MLG-60 führte.

Das Minenlegegerät-37 in Transport- und Arbeitslage (rechtes Bild).

Bf SPW-152W1 für das Minenlegegerät-60

Ab 1962 erhielten die Pioniereinheiten das in der DDR, auf dem Minenlegegerät-37 aufbauende, produzierte Minenlegegerät-60, das als Anhängegerät anfänglich vom SPW-152W1 gezogen wurde. Das Arbeitsprinzip und die taktisch-technischen Angaben entsprachen denen des MLG-37. Die Ausmaße des MLG-60 in Marsch/Arbeitslage (L x B x H) betrugen 4950 x 1810 x 1610 mm/5650 x 1810 x 1100 mm bei einer Masse von 800 kg.

Der SPW konnte 100 Minen in einem Minenschrank aufnehmen, die mit eingeschraubten, jedoch gesicherten Zündern in Regalen verstaut waren. Von dort mussten sie per Hand auf das MLG gelegt werden. Das Reserverad musste bei angehängtem Minenlegegerät abgebaut und im Kampfraum untergebracht werden.
Nachteilig wirkte sich der Kampfbestand von 100 Minen aus, da bei einem Verlegeabstand von sechs Metern eine Verminung von maximal 600 m erfolgte. Danach musste zwangsläufig das Zugmittel aufmunitioniert werden. Bei einer Entfernung des Minenlagers

von 2 bis 3 km zum Verlegeort waren für diese Aufgabe bis zu 60 min erforderlich.
Eine Modernisierung führte 1977 zum **Minenlegegerät-60M**, das vom mittleren LKW URAL-375 mit 300 Panzerminen gezogen wurde.
1990 zählten 227 Minenlegegeräte-60M zur Ausrüstung der Pioniereinheiten der NVA.

Der SPW-152W1 als Zugmittel für das Minenlegegerät-60.

Bf SPW-152W1 für das Minenlegegerät-60	
Einführungszeitraum MLG-60	ab 1962
Gefechtsmasse (t)	8,5
Abmessung L/B/H (mm)	6830 x 2320 x 2050
Bodenfreiheit (mm)	300
Minen Stk.	100
Panzer-MG	SGMB 7,62
Kampfsatz Hauptbewaffnung	1250
Watfähigkeit (m)	0,8
Fahrbereich Str./Gel.(km)	425 / 350
Höchstgeschwindigkeit (km/h)	50
Steigfähigkeit (Grad)	30
Bezeichnung Motor	ZIL-123W
Typ Motor	4-Takt-Otto / R-6
Leistung (PS/kW)	110 / 81
Hubraum (l)	5,55
Kraftstoffvorrat gesamt (l)	340
Kühlung	Wasser / Lüfter
Federung	Blattfedern

Bf SPW-40P für den Flussprofilechograf FP-10

Der Flussprofilechograf FP-10 diente der Aufklärung von Wasserhindernissen und der maßstabsgerechten Aufnahme des Flussgrundprofils für den Brückenbau oder für die Unterwasserfahrt mit Panzern. Dabei wurde das Bodenprofil von einem Ufer zum gegenüberliegenden Ufer aufgenommen und auf Registrierpapier aufgezeichnet. Der Flussprofilechograf FP-10 bestand aus dem Echograf, der Relaisstation sowie einem EWZ-Satz. Der im Wasserfahrzeug verbaute Echograf setzte sich aus dem Schreibgerät, dem Stromversorgungsteil und dem Ausleger mit Impulsgenerator zusammen. Die Relaisstation bestand aus einem Empfänger und dem Stativ. Die Wassertiefe ermittelte der Echograf nach dem Echolotverfahren. Dabei wurde die Ausbreitungsgeschwindigkeit des Schalls im Wasser, erzeugt durch den Impulsgenerator, gemessen und in die entsprechende Wassertiefe umgerechnet. Aufgrund von Mehrfachechos konnte auch die Beschaffenheit des Untergrundes ermittelt werden. Um feststellen zu können, in welchem Abstand vom Ufer sich Erhebungen oder Vertiefungen befanden, war eine konstante Geschwindigkeit des Wasserfahrzeuges notwendig, die praktisch nicht realisiert werden konnte. Um entsprechende Korrekturen am Schreibgerät automatisch vornehmen zu können, befand sich an einem Ufer die Relaisstation, die ebenfalls die vom Echografen ausgesendeten Schallwellen empfing und entsprechende Korrekturen mit Hilfe von zwei Funkgeräten R-105D an das Schreibgerät übermittelte. So konnten Wassertiefen bis 10 m und Flussbreiten bis 200 m vermessen werden. Als Transportmittel für den Echografen fanden u.a. der SPW-40P, der SPW-50PK, die Schwimmwagen K-61 oder BAW sowie Sturm- und Bugsierboote Verwendung. Der Flussprofilechograf kam in den Pioniereinheiten der MSR und PR sowie den PiB der Divisionen und MB zum Einsatz. Die mitgeführten NC-Akkumulatoren gewährleisteten eine maximale Arbeitszeit von fünf Stunden. Der Gerätesatz arbeitete mit einer Ultraschallfrequenz von ca. 55 kHz, wies ein Gesamtgewicht ohne/mit Transportkiste von 185/390 kg auf. Seine Bedienung erforderte den Einsatz von drei Armeeangehörigen.

Der Flussprofilechograf FP-10, aufgebaut auf einem SPW-40P, im Vordergrund links das Schreibgerät, rechts daneben das Stromversorgungsteil, am SPW angebaut der Ausleger mit Gehäuse für den Impulsgenerator.

Schützenpanzerwagen PSH (Pi)

Die Pioniereinheiten der Grenztruppen der DDR erhielten spezielle Pionier-Aufklärungsfahrzeuge SPW PSH (Pi), die in den Werkstätten der Grenztruppen umgerüstet wurden. 1979 erfolgte die Umrüstung der geplanten 28 Fahrzeuge.

Durch den Ausbau von zwei Sitzplätzen und die Reduzierung des Kampfsatzes für die Turmbewaffnung um 50 % wurde Platz für die Unterbringung der zusätzlichen Ausrüstung im Kampfraum geschaffen. So konnten ein Minensuchgerät MSG-64M, eine Einmann-Motorsäge PS-90, Teile des Pioniergerätesatz-1, des Schanzzeugsatz-1 und des Sprengmittelsatzes, sowie das Minensuch- und Räumgerät KR-M, ein Werkzeugsatz für Metallbearbeitung und je eine Schneidladung SL-0,6 und SL-2 verstaut werden. Die drei Kabeltrommeln mit den Sprengkabeln wurden an den schrägen Seitenwänden der Motorabdeckung befestigt. Der Sprengmittelsatz und die Schneidladungen wurden in speziellen Schränken an der Motortrennwand untergebracht.

Schützenpanzerwagen PSH (Pi)	
Umrüstungszeitraum	1979
Basisfahrzeug	SPW PSH
Gefechtsmasse (t)	7,65
Besatzung	7
Abmessung L/B/H (mm)	5695 x 2800 x 2308
Bodenfreiheit (mm)	300
Turm-MG	KPWT 14,5
Panzer-MG	PKT 7,62
Kampfsatz Hauptbewaffnung	250
Watfähigkeit (m)	schwimmfähig
Fahrbereich Str./Gel.(km)	825 / 625
Höchstgeschwindigkeit (km/h)	80
Steigfähigkeit (Grad)	30
Bezeichnung Motor	D-414.44/2
Typ Motor	4-Takt-Diesel / R-4
Leistung (PS/kW)	100 / 74
Hubraum (l)	5,516
Kraftstoffvorrat gesamt (l)	220
Kühlung	Wasser / Lüfter
Federung v / h	Schrauben- / Blattfeder

Der SPW PSH (Pi), äußerlich zu erkennen waren die zusätzlichen Kabeltrommeln an den schrägen Seitenwänden der Motorraumabdeckung.

Bf Kettentraktor S-80 des Grabenrotationsbaggers KG-65

1960 befanden sich drei Grabenrotationsbagger KG-65 in verschiedenen Pioniereinheiten der NVA. Im *Importplan zu Mengen und Lieferzeiten der Hauptarten der Bewaffnung und Kampftechnik für die NVA* von 1956 war auch der Bedarf von sechs Grabenbagger mit Rotor KG-65 aufgelistet.

Bereits 1939 begann in der Sowjetunion die Entwicklung eines Grabenbaggers mit Rotorschaufel-Arbeitsorgan für die Pioniertruppen der Roten Armee. Dem Grabenbagger wurde der Index KG-65 zugewiesen (Raupenbagger mit einer minimalen Arbeitsgeschwindigkeit von 65 m/h). Der zweite Weltkrieg unterbrach die Arbeiten am KG-65, 1947 wurden die Entwicklungsarbeiten wieder aufgenommen und 1948 der Bagger in die Serienproduktion überführt. Als Basis für den Grabenrotationsbagger kam der radikal veränderte Traktor S-80 zum Einsatz. Der Rotor mit einem Durchmesser von 3240 mm wurde im Heck platziert und von einem separaten Motor über Getriebe und Ketten angetrieben. Die Gesamtabmessungen des Baggers in Transportlage (L x H) waren mit 9200 x 3850 mm signifikant. Die Arbeitsgeschwindigkeit lag zwischen 0,2 bis 0,3 km/h. Der Bagger konnte Gräben bis zu einer Tiefe von 1,5 m bei einer Solenbreite von 0,6 m ausheben und den Boden gleichmäßig auf beide Seiten des Grabens auswerfen. Jeder der 14 im Arbeitsorgan verbauten Schürfkübel nahm bis zu 45 l Erdreich auf. Ein Schuh an der Unterseite des Rotors glättete und verfestigte die Sole des Grabens. Mit Hilfe einer, zu Teilen auf dem Fahrzeugdach montierten, Hydraulikanlage konnte das Arbeitsorgan von der Transport- in die Arbeitslage gesenkt und wieder gehoben werden. Das Fehlen eines vertikalen Scharniers zwischen dem Rotorrahmen und der Führung des Hebemechanismus ließ das Ausheben von gewundenen Gräben nicht zu.

Das Nachfolgemodell, der **Schaufelradgrabenbagger ETR-152**, erschien 1958 im Stellenplan und Ausrüstungsnachweis des Pionier-Regiment-2 der NVA. Sein Einsatz war im Pioniermaschinen-Bataillon geplant. Auch er nutzte den veränderten Traktor S-80 als Basis. Der Grabenrotationsbagger KG-65 und der Schaufelradgrabenbagger ETR-152 waren für die Verwendung in der NVA nicht geeignet, da nur ein Tieflader für den Transport über größere Entfernungen Ende der 1950er Jahre in der NVA vorhanden war. Bei einer Eigengeschwindigkeit von maximal 8 km/h war der Einsatz beider Geräte nur in begrenztem Radius möglich.

Außerdem überstieg die Höhe der Bagger die lichte Höhe bei Brückendurchlässen. Bereits 1960 waren der Grabenrotationsbagger KG-65 und der Schaufelradgrabenbagger ETR-152 aus sämtlichen Stellenplänen gestrichen, die vorhandenen drei Grabenrotationsbagger KG-65 wurden im gleichen Jahr an die Volkswirtschaft abgegeben. Die Entwicklung und Produktion des Grabenbaggers BTM ab 1957 wird bei dieser Entscheidungsfindung von ausschlaggebender Bedeutung gewesen sein.

Der Grabenrotationsbagger KG-65 in Marschlage (linkes Bild). Vorbereitung des Grabenrotationsbaggers KG-65 für den Straßentransport, deutlich waren die Elemente der Hydraulikanlage zum Heben und Senken des Arbeitsorganes auf den Fahrzeugdach und die Kettenantriebe für das Arbeitsorgan zu erkennen.

Bf Kettentraktor S-100 und T-100 mit Anbaugeräten

Der Kettentraktor S-100 wurde mit den **Planiereinrichtungen D-259** oder **D-271**, der Kettentraktor T-100 mit der **Planiereinrichtung D-492A** für Erdarbeiten eingesetzt. Die mit einer Hydraulikanlage ausgerüsteten Kettentraktoren T-100MGP und T-100MZGP nutzten die **Planiereinrichtung D-493**.

In der NVA wurden im Laufe der Zeit verschiedene Planiereinrichtungen eingesetzt. Fur die klare Zuordnung erhielten die Kettentraktoren mit Planiereinrichtung die Bezeichnung Planierraupe mit der Bezeichnung des Planierschildes, z.B. Planierraupe D-271 (Kettentraktor S 100 mit Planierschild D 271).

Die Planiereinrichtungen dienten dem Ausschieben von Stellungen und Deckungen, dem Schaffen von Durchfahrten durch Gräben, dem Abheben der oberen Erdschichten zur Entaktivierung des Geländes, dem Räumen von Schnee oder dem Anlegen von Kolonnenwegen.

Das Heben und Senken der Planiereinrichtung D-271 erfolgte durch die am Heck befindliche Seilwinde D-269, die durch eine Antriebswelle vom Getriebe angetrieben wurde. Das Planierschild war mit Schürfmessern aus verschleißarmem Stahl ausgerüstet und seitlich nicht verstellbar. Durch den Anbau von Seitenteilen konnte das Räumschild verbreitert werden. Die Ausmaße (L x B x H) der Planierraupe D-274 betrugen 5100 x 3030 x 2985 mm bei einer Gesamtmasse von 13.300 kg. Das Planierschild konnte 900 mm über und 1000 mm unter die Fahrzeugunterkante gehoben bzw. gesenkt werden. Die mittlere Arbeitsgeschwindigkeit vorwärts/rückwärts lag bei 10/6 km/h.

Die Seilwinde D-499 diente dem Heben, Halten und Senken des Planierschildes der Planiereinrichtung D 492A und war über der Anhängevorrichtung hinter dem Fahrerhaus des Kettentraktors T-100 angeordnet. Sie erzeugte eine Zugkraft von 2000 kp und konnte mit Hilfe einer Flaschenzuganlage das 2200 kg schwere Planierschild bewegen. Die Ausmaße (L x B x H) der ab 1965 zugeführten Planierraupe D-492A bei einem

Einstellwinkel des Planierschildes von 90° zur Fahrzeuglängsachse betrugen 5500 x 3940 x 3059 mm bei einer Gefechtsmasse von 14.000 kg. Das Planierschild konnte den Einstellwinkel des Planierschildes bis 63° nach rechts oder links zur Fahrzeugachse verstellen.

1968 befanden sich 76 Planierraupen D-492A im Bestand der Pioniereinheiten, für 1969 waren weitere 38 Stück geplant.

Mit Hilfe einer Hydraulikanlage konnte die Planierraupe D-493 das Planierschild bewegen. Zwei Zahnradpumpen erzeugten einen Förderstrom von 150 l/min, der über einen Steuerblock mit 100 bis 110 kp/cm² zu den beiden Arbeitszylindern gelenkt wurde. Es waren die Arbeitsstellungen ZWANGSSENKEN, HEBEN, SCHWIMMEN und BLOCKIEREN möglich.

Die Einsatzmöglichkeiten entsprachen der Planierraupe D-492A.

Als Anbaugeräte für den Kettentraktor S-100 zählten ab 1966 das **Wurzelrodegerät** und ab 1969 der **Stubbenroder D-210,** beide gehörten zur Ausrüstung der Bau-Pioniereinheiten der LaSK und der LSK/LV.

Durch die zunehmende Gefahr des Einsatzes von Streuminen ab Mitte der 1980er Jahre sahen sich die LSK/LV gezwungen, gesonderte Maßnahmen zur Abwehr und zum gefahrlosen Räumen vorzubereiten. Besonders gefährdet waren Start- und Landebahnen für Flugzeuge sowie die zu den Startrampen der Fla-Raketensysteme führenden Zufahrtswege und -straßen. Besondere Vorsicht war geboten, da die modernen Streuminen über hochbrisante Sprengstoffe mit kumulati-

Der Kettentraktor S-100 mit der Planiereinrichtung D-271 (linkes Bild) und mit der Planiereinrichtung D-259. Das Seil zum Bewegen der Planiereinrichtung wurde vom Planierschild über Rollen rechts an der Fahrzeugseite nach hinten zur Seilwinde geführt.

Der Kettentraktor T-100M mit der Planiereinrichtung D-492 (linkes Bild) und einem mechanischen Aufreißer, der wie das Planierschild mit Hilfe der Seilwinde D-499 bewegt wurde.

ver- und Sprengwirkung verfügten. Die relativ kleinen Minen bestanden hauptsächlich aus nichtferromagnetischen Gehäusen, besaßen eine Selbstzerstörungseinrichtung und druckwellenresistente Zündsysteme und waren gegen Wiederaufnahme gesichert. Da die Minen offen verlegt wurden, entstanden Minenfelder mit unterschiedlicher Minendichte und schwer bestimmbaren Minenfeldrändern. Da die Streuminen bei Lageveränderung detonierten, sollten angelegte Ladungen sowie Eisabtaugeräte, Tanklöschfahrzeuge und Planierraupen, die vor dem Einsatz mit Panzerplatten vor Splittern geschützt wurden, eingesetzt werden. Da die Planierraupen direkten Kontakt mit den Minen hatten, musste das Planierschild zum Schutz vor der Detonation mit Bohlen oder Rundhölzern verstärkt werden.

Eine der letzten Ausführungen des Kettentraktors T-100MZGP als Streuminen-Räummittel umgebaute (das Bild stammt aus der R 152/8/001 von 1988) und mit dem Planierschild D-493 (unteres Bild).

Bf Kettentraktor T-130 mit Planiereinrichtung DZ-110A

Die Planiereinrichtung DZ-110A war das Hauptarbeitsorgan der Planierraupe T-130. Sie wurde hydraulisch betätigt und bestand aus dem Planierschild, dem Schubrahmen und den Schubstangen. Der aus zwei Schubarmen bestehende Schubrahmen übertrug die Schubkraft des Kettentraktors auf das Planierschild. Die nicht verstellbare Schubstange sorgte für die Stabilität des Planierschildes in der Querrichtung, die durch eine Spindel verstellbare Schubstange diente der Schnittwinkeleinstellung von +/- 55°. Die Breite des Planierschildes betrug 3200 mm, es konnte 1060 mm gehoben und 400 mm unter die Fahrzeugunterkante gesenkt werden. Die Ausmaße der Planierraupe T-130 mit Planiereinrichtung (L x B x H) betrugen 5490 x 3220 x 3100 mm bei einer Gefechtsmasse von 16.850 kg.

Der Kettentraktor T-130 mit Planiereinrichtung DZ-110A in Marschlage.

Bf ATS mit der Planiereinrichtung OST

Die Planiereinrichtung OST kam u.a. für den Bau von Feuerstellungen bei den Artillerietruppen oder für den Bau von Startstellungen bei den Fla-Raketentruppen der LSK/LV zum Einsatz. Bei den Pioniertruppen wurde die Planiereinrichtung OST für Planierarbeiten und zum Anlegen und Instandsetzen von Kolonnenwegen während des Marsches verwendet. Als Basis fand das mittlere Kettenzugmittel ATS Verwendung. Mittlere Kettenzugmittel mit angebauter Planiereinrichtung wurden in den Unterlagen auch als Planierraupe OST bezeichnet.

Die Planiereinrichtung wurde am Bug des Kettenzugmittels angebaut und vom Fahrerhaus aus mit Hilfe der fahrzeugeigenen Winde in Arbeits- oder Marschstellung bewegt. Die Hauptbestandteile der Planiereinrichtung OST waren das Planierschild mit Kufe, der Schubrahmen mit Hubwerk und der Montagebock. Die Arbeit des Planierschildes wurde durch montierbare Aufreißzähne und Messer unterstützt. Die Kufe begrenzte die Einschnitttiefe, das Hubwerk diente dem Heben und Senken des Planierschildes. Der Montagebock erleichterte den An- und Abbau sowie das Verladen der Planiereinrichtung. Er hatte die Form eines Portalkranes und nutzte für die Arbeiten einen Flaschenzug mit einer Tragkraft von 1000kg.

Das Planierschild wies eine Breite von 2800 mm und eine Höhe von 1070 mm aus, die Planiereinrichtung wog 1180 kg. Die Arbeitsgeschwindigkeit erreichte je nach Bodenbeschaffenheit bis 4 km/h. Mit angehängter 152-mm Haubitze erreichte die Planierraupe OST eine Marschgeschwindigkeit von 13 km/h.

1964 wurde ein IST-Bestand von 71 Planiereinrichtungen OST ausgewiesen, bis 1966 war er auf 125 angestiegen.

Die Planiereinrichtung OST in Marschlage, die Kufe für die Begrenzung der Einschnitttiefe war seitlich abgeklappt.

Bf ATT der Planierraupe BAT und BAT-M

(БАТ-М – Бульдозер на артиллерийском Тягаче - модернизированный = BAT-M – Bulldozer auf einem Artillerie-Traktor -modernisiert)

Auf der Basis des schweren Kettenzugmittels ATT entstanden eine Reihe von Pioniermaschinen, die in der NVA eingesetzt wurden. Das Basisfahrzeug ATT 401 mit angebauter Planiereinrichtung fand als **Planierraupe BAT** Verwendung. Für den Einsatz als Planierraupe musste das Basisfahrzeug einige Veränderungen erfahren. Die Aufhängungen der ersten und zweiten Laufrolle wurden verstärkt, die elektrische Anlage wurde angepasst und die Veränderungen auf der Ladefläche dienten der Unterbringung des Planierschild-EWZ. Neben der Seilwinde trieb der Motor auch die Winde der Hubeinrichtung der Planiereinrichtung an. Die Ausgleichseinrichtung diente dem Schrägstellen des Planierschildes. Eine Seilwinde mit 20 t Zugkraft, eine große abgeplante Ladefläche und eine Anhängekupplung vervollständigten die Ausrüstung.

Die Planiereinrichtung, verwendet als Planierschild, als Flügel oder Pflug, wurde zum Anlegen und Instandsetzen von Kolonnenwegen, zum Ausheben von Stellungen und Deckungen sowie zum Beseitigen von Hindernissen eingesetzt. Die 5,5 t schwere Planiereinrichtung hatte als Planierschild/Pflug eine maximale Breite von 4780/4150 mm. Mit einer Kufe vor dem Planierschild konnte die Schnitttiefe für Planierschild/Pflug variiert

Die Planierraupe BAT (oberes Bild) und die Planierraupe BAT-M, das Arbeitsorgan befand sich in Pflugstellung.

werden. Die Seilwinde mit Flaschenzug hob das Schild maximal 1360 mm über und 1000 mm unter die Auflagefläche der Gleisketten. Bei einem mittleren Kraftstoffverbrauch von ca. 30 l/h konnten Kolonnenwege mit einer Geschwindigkeit von 1,5 km/h angelegt oder Deckungen mit maximal 400 m³/h ausgeschoben werden.

Das Arbeitsorgan der Planierraupe BAT-M in Marschstellung.

Bf ATT der Planierraupe BAT und BAT-M		
	BAT	**BAT-M**
Einführungszeitraum	ab 1958	ab 1967
Gefechtsmasse (t)	25,3	27,7
Abmessung Marschlage L/B/H (mm)	8900 x 3800 x 3000	7600 x 3164 x 4320
Abmessung Arbeitslage L/B/H (mm)	10.000 x 4780 x 3000	11.200 x 3164 x 3164
Spurweite (mm)	2640	2640
Basisfahrzeug	ATT 401	ATT 409u
Zugkraft Seilwinde (t)	20	20
Watfähigkeit (m)	1	1
Fahrbereich Str./Gel.(km)	500 / -	
Höchstgeschwindigkeit (km/h)	35,5	35,5
Bodenfreiheit (mm)	330	425
Steigfähigkeit (Grad)	25	20
Bezeichnung Motor	W-401	W-401
Typ Motor	4-Takt Diesel / V12	4-Takt Diesel / V12
Leistung (PS/kW)	415 / 305	415 / 305
Hubraum (l)	38,88	38,88
Kraftstoffvorrat gesamt (l)	1115	810
Kühlung	Wasser / Luft	Wasser / Luft
Federung	Drehstab	Drehstab

Die Planierraupe BAT wurde seit 1958 in den Einheiten eingesetzt und löste aufgrund der hohen Beweglichkeit und Geschwindigkeit nach und nach alle ähnlichen Planierraupen ab.

Das Basisfahrzeug ATT 405mu, eine Version des schweren Kettenzugmittels ATT, mit Planiereinrichtung löste als **Planierraupe BAT-M** den Vorläufer, die Planierraupe BAT, in den Einheiten der ständigen Gefechtsbereitschaft ab. Es gab einige wichtige technische Veränderungen, die die Arbeit mit der BAT-M erleichterten. Anstelle der mechanischen Betätigung des Planierschildes trat ein hydraulischer Antrieb, der ein schnelleres und einfacheres Heben und Senken des Arbeitsorganes gestattete. Mit Hilfe der im Heck befindlichen Seilwinde konnte das Arbeitsorgan in kurzer Zeit in die hintere Marschlage gezogen und damit die Geländegängigkeit des Fahrzeuges erheblich verbessert werden. Das Spriegelgestell mit Plane fiel weg, dafür wurde die Wanne zur Aufnahme eines Drehkranes im Heckbereich verstärkt. Mit dem Kran konnten Lasten bis 2 t gehoben werden. Wie auch schon bei der BAT musste beim Eisenbahntransport das Planierschild abgebaut und auf einem extra Waggon verladen werden.

Bereits 1965 wurde mit dem *Plan der Ausrüstung der NVA für den Zeitraum 1965 bis 1969* die Zuführung der ersten acht Planierraupen BAT-M kalkuliert. In der Nachweisführung des Pionierwesens von 1968 wurden 75 Planierraupen BAT aufgelistet. Da bei der Nachweisführung die Planierraupen BAT und BAT-M zusammen aufgelistet wurden, ist eine differenzierte Darstellung nicht möglich. 1990 befanden sich 158 Planierraupen beider Modifikationen im Bestand der NVA.

Bf ATT des Grabenbaggers BTM und BTM-3

(БТМ – быстроходная траншейная Машина = BTM – schnelle oder Hochgeschwindigkeits-Grabenfräse)

Ab 1957 wurde der **Grabenbagger BTM** als Nachfolger des Grabenrotationsbaggers ETR-152 für die Sowjetarmee gefertigt. Er wurde für 1959 in den Importplan der NVA aufgenommen, im 2. Halbjahr 1959 waren bereits drei Fahrzeuge in der NVA vorhanden, 1963 war der Bestand auf 17, 1964 auf 19 Stück angewachsen. Wesentliche Vorteile gegenüber dem in der NVA bis dahin genutzten Grabenrotationsbagger KG-65 waren die bedeutend höhere Marschgeschwindigkeit, die Erhöhung der Arbeitsleistung auf ca. 350 % und die bessere Möglichkeit der Bahnverladung. Durch den Antrieb des Arbeitsorganes mittels Kardanwelle ergab sich ein geringerer Anfall von Störungen und damit verbundenen Instandsetzungsarbeiten.

Die Version ATT 409 des schweren Kettenzugmittels ATT diente dem Grabenbagger BTM als Basis. Mit einem Schaufelrad-Baggerwerk konnten Schützen- und Verbindungsgräben von 1500 mm Tiefe ausgehoben werden. Eine selbsthemmende Schneckenwinde, Bestandteil der Hebeeinrichtung und hinter dem Fahrerhaus angebracht, konnte das Baggerwerk mit Hilfe von Seilen mechanisch in Marschlage heben, in Arbeitsstellung senken und die Schnitttiefe des Schaufelrades regulieren. Das Schaufelrad mit einem Durchmesser von 3500 mm fasste 10 Schaufeln mit einem Fassungsvermögen je Schaufel von 120 l. Das Schaufelrad konnte, je nach Bodenqualität, in zwei Gängen arbeiten. Durch den Einsatz eines Profilschneiders konnten Gräben mit schrägen Grabenwänden ausgehoben werden. Die Auswurfweite wurde durch einen Abweiser reguliert. Der Grabenbagger BTM war erstmals in der Lage, gewundene Gräben auszuheben, der kleinste Wenderadius in

Die ersten Grabenbagger nutzten noch Laufrollen vom mittleren Panzer T-34/85, die folgenden Bagger waren mit Laufrollen, ähnlich denen des mittleren Panzer T-54, ausgerüstet.

Der Grabenbagger BTM in Marsch- und in Arbeitslage.

Bf ATT des Grabenbaggers BTM und BTM-3		
	BTM	**BTM-3**
Einführungszeitraum	ab 1959	ab 1976
Gefechtsmasse (t)	26,5	27,7
Abmessung Marschlage L/B/H (mm)	7350 x 3200 x 4300	7600 x 3164 x 4320
Abmessung Arbeitslage L/B/H (mm)	10.850 x 3200 x 3500	11.200 x 3164 x 3164
Spurweite (mm)	2640	2640
Basisfahrzeug	ATT 409	ATT 409u
Watfähigkeit (m)	1	1
Höchstgeschwindigkeit (km/h)	35,5	35,5
Bodenfreiheit (mm)	425	425
Steigfähigkeit (Grad)	20	20
Bezeichnung Motor	W-401	
Typ Motor	4-Takt Diesel / V12	4-Takt Diesel / V12
Leistung (PS/kW)	415 / 305	415 / 305
Hubraum (l)	38,88	38,88
Kraftstoffvorrat gesamt (l)	810	810
Kühlung	Wasser / Luft	Wasser / Luft
Federung	Drehstab	Drehstab

Der Grabenbagger BTM-3 in Arbeits- und Marschlage (unteres Bild).

Arbeitsstellung lag bei 25 m. Auf leichten Böden konnte bei einer Arbeitsgeschwindigkeit von 22 km/h in einer Stunde einen Graben von 1120 m mit einer Tiefe von 800 mm ausgehoben werden.

Der **Grabenbagger BTM-3** baute auf der Modifikation ATT 409u des schweren Kettenzugmittels ATT auf. Der Schaufelradbagger wurde zum Ausheben von Schützen- und Verbindungsgräben eingesetzt und löste seinen Vorgänger, den Grabenbagger BTM, sukzessiv ab. Das Baggerwerk diente dem Lösen, Fördern und Auswerfen des Erdreiches, das beiderseitig auf den Grabenrand geworfen wurde. Mit einer mechanischen Winde und Rollenketten wurde das Baggerwerk aus der Marsch- in die Arbeitslage und umgekehrt umgestellt. Das Schaufelrad mit einem Durchmesser von 3500 mm trug acht Schaufeln mit einem Fassungsvermögen von 160 l je Schaufel. Das Schaufelrad konnte je nach Bodenqualität in zwei Arbeitsgeschwindigkeiten genutzt werden.

Mit dem Schaufelrad wurden Gräben von 1500 mm Tiefe mit senkrechten Seitenwänden ausgehoben. Profilschneider schrägten die Grabenwände ab, die Breite des Grabenbodens/der Grabenoberkante betrugen 500/1100 mm. Innerhalb einer Stunde konnte in leichtem Boden bei einer Arbeitsgeschwindigkeit von 22 km/h eine Grabenlänge von 1200 m mit einer Tiefe von 900 mm, in schwerem Boden bei einer Arbeitsgeschwindigkeit von 6 km/h eine Grabenlänge von 280 m mit einer Tiefe von 1500 mm ausgehoben werden.

1990 verfügten die Pioniertruppen der NVA über 57 Grabenbagger BTM-3.

Bf ATT der Grubenaushubmaschine MDK-2 und MDK-2M

(Машина для отрывки котлованов МДК-2 = Maschine zum Ausheben von Gruben MDK-2)

Die ab 1962 gefertigte **Grubenaushubmaschine MDK-2**, Basis bildete die Modifikation ATT 409mu des schweren Kettenzugmittels ATT, wurde ab 1966 den Pioniereinheiten der NVA, beginnend im Pionierregiment-2, zugeführt. Sie war zum Ausheben von Stellungen und Deckungen bis zu einer Breite und Tiefe von je 3,5 m vorgesehen. Dazu besaß die MDK-2 als Arbeitsorgan eine Messerstirnfräse mit einem Durchmesser von 3250 mm, die hauptsächlich aus Fräse, Schleuderwerk und acht auswechselbaren Messern bestand. Die Fräse zerschnitt und löste das Erdreich, das durch das Schleuderwerk ausgeworfen wurde. Die große Schleuderweite von maximal 13 m führte dazu, dass das ausgehobene und ausgeworfene Erdreich ausreichend verdichtet wurde. Durch das allmähliche Absenken des Arbeitsorganes konnten Rampen zum Befahren der Grube geschaffen werden. Zwei Pflüge schufen einen Ausgleich für das Fahrzeug bei Arbeiten an Schräghängen. Als zweites Arbeitsorgan verfügte die MDK-2 über ein 3200 mm breites Planierschild, mit dem eine Schürftiefe von maximal 1140 mm erreicht werden konnte. Beide Arbeitsorgane wurden hydraulisch bewegt. Das Hydrauliksystem war so ausgelegt, dass immer nur ein Arbeitsorgan bewegt werden konnte.
Mit dem zur Verfügung stehenden Kraftstoff konnte die Grubenaushubmaschine 500 km fahren oder 10 h arbeiten. Bei leichten Böden lag die Arbeitsleistung bei ca. 250 bis 350 m³/h, wobei Steine mit einem Durchmesser von 350 mm mühelos ausgeworfen wurden.
Ab 1970 erhielt die NVA die modernisierte Ausführung, die **Grubenaushubmaschine MDK-2M**. Mit Hilfe eines Filterlüfters konnte in der Kabine ein Überdruck erzeugt werden, was die Arbeit in radiologisch kontaminiertem Gelände ohne Anlegen der Schutzausrüstung gestattete. Im Laufwerk fanden die für den mittleren Panzer T-55 entwickelten, auf eine Breite von 500 mm reduzierten, Laufrollen Verwendung. Die taktisch-technischen Daten änderten sich nur geringfügig.

Bf ATT der Grubenaushubmaschine MDK-2M	
Einführungszeitraum	ab 1970
Gefechtsmasse (t)	28
Abmessung Marschlage L/B/H (mm)	8000 x 3400 x 3950
Abmessung Arbeitslage L/B/H (mm)	10.320 x 4050 x 3480
Spurweite (mm)	2640
Basisfahrzeug	ATT 409mu
Watfähigkeit (m)	1
Fahrbereich Str./Gel.(km)	470 / 380
Höchstgeschwindigkeit (km/h)	35,7
Bodenfreiheit (mm)	425
Steigfähigkeit (Grad)	20
Bezeichnung Motor	W-401
Typ Motor	4-Takt-Diesel / V12
Leistung (PS/kW)	415 / 305
Hubraum (l)	38,88
Kraftstoffvorrat gesamt (l)	810
Kühlung	Wasser / Luft
Federung	Drehstab

Die Grubenaushubmaschine MDK-2, im Laufwerk waren die für den mittleren Panzer T-54 entwickelten und auf eine Breite von 500 mm reduzierten, sogenannten, *Spinnennetz-Laufrollen* verbaut, typisch für die ersten Pioniermaschinen auf Basis des schweren Kettenzugmittels ATT.

Die Grubenaushubmaschine MDK-2M, beide Arbeitsorgane befanden sich in Marschlage (oberes Bild), unten die Fräse in Arbeitslage.

Panzertechnik zur Aufnahme von Technik des Chemischen Dienstes

KC-Aufklärungsfahrzeug SPW-40 Ch

Ab 1958 begann das KC-Aufklärungsfahrzeug SPW-40 Ch den bis zu dieser Zeit genutzten leichten LKW GARANT 30-K und den mittleren LKW H-3A der Chemischen und radiologischen Aufklärungsgruppen abzulösen. Der Einsatz war in allen Teilstreitkräften der NVA geplant. Damit standen den Zügen der Chemischen Aufklärung, eingesetzt in den MSD und PD, erstmals gepanzerte, bewaffnete und geländegängige Fahrzeuge zur Verfügung. Die speziellen Aufklärungs- und Nachweissätze dienten der Aufklärung und der Markierung vergifteter und aktivierter Geländeabschnitte. Die aus fünf Mann bestehende Besatzung konnte im Stand und in der Bewegung handeln.

Zur Ausrüstung zählten zwei automatische Kampfstoffanzeiger, die gas-, dampf- und aerosolförmige Kampfstoffe in der Luft anzeigten. Mit Hilfe einer Spürbüchse wurde Spürpulver im Gelände verstreut, um langwirkende chemische Kampfstoffe feststellen zu können. Mit zwei Röntgenmeter DP1-B wurde die Dosisleistung gemessen und Grenzen aktivierter Geländeabschnitte festgestellt. Das Beta-Gamma-Radiometer DP11-B wurde hauptsächlich zum Messen des Aktivierungsgrades von Waffen und Geräten, der Besatzung, aber auch von Wasser und Lebensmittel nach dem Passieren verstrahlter Geländeabschnitte eingesetzt.

Der als Basis dienende SPW-40 wurde speziell für den Einsatz als KC-Aufklärungsfahrzeug umgerüstet. Die Plätze der Besatzung wurden so gewählt, dass jeder seine Aufgaben in vollem Umfang erfüllen konnte. Auch Geräte und Ausrüstung wurden zweckmäßig untergebracht, sodass eine ununterbrochene chemische und Strahlungsaufklärung gewährleistet war.

Zur Markierung kontaminierter Geländeabschnitte nutzte das Aufklärungsfahrzeug ein Fähnchenabschussgerät, das sich aus gelben Markierungsfähnchen und einem Abschussgerät zusammensetzte. Mit dem Abschussgerät wurden die Markierungsfähnchen vom Fahrzeug aus in den Boden geschossen. In Ruhestellung wurde das Abschussgerät in den Kampfraum gedreht. Zum Markieren von verseuchtem oder verstrahltem Gelände wurde das Abschussgerät nach hinten gedreht und mit zehn Markierungsfähnchen bestückt. Neben einer Tasche zum Aufbewahren eines Formulars mit Hinweisen auf die Gefahr, befand sich am Kopf des Markierungsfähnchens eine Halterung mit Batterie und Signalleuchte. Dabei musste das Fahrzeug so fahren, dass der aufzuklärende Geländeabschnitt links vom Fahrzeug lag. Somit war gewährleistet, dass die Vorderseite des Fähnchens und die Lichtstrahlen der Signalleuchte in die dem Abschnitt abgewandte Richtung wiesen. Da das Fähnchenabschussgerät nur bei hohen Strahlungswerten und bei Feindeinwirkung eingesetzt werden sollte, wurden die Fähnchen hauptsächlich mit der Hand gesetzt.

Bf SPW-40 des KC-Aufklärungsfahrzeuges SPW-40 Ch	
Einführungszeitraum	1958
Gefechtsmasse (t)	5,3
Besatzung	5
Abmessung L/B/H (mm)	5000 x 1900 x 1750
Bodenfreiheit (mm)	275
Basisfahrzeug	SPW-40
Panzer-MG	SGM 7,62
Kampfsatz Hauptbewaffnung	1250
Watfähigkeit (m)	0,9
Fahrbereich Str./Gel.(km)	285 / 240
Höchstgeschwindigkeit (km/h)	80
Steigfähigkeit (Grad)	30
Bezeichnung Motor	GAS 40
Typ Motor	4-Takt-Otto / R-6
Leistung (PS/kW)	80 / 59
Hubraum (l)	3,48
Kraftstoffvorrat gesamt (l)	120
Kühlung	Wasser
Federung	Blattfedern

Da der SPW mit einer Funkstation ausgerüstet war, konnten die Aufklärungsergebnisse sofort weiter gemeldet werden.
Der Nachteil des Fahrzeuges war der offene Kampfraum. So musste die Besatzung bei der Aufklärung ständig die persönliche Schutzbekleidung tragen. Deshalb befanden sich in der Ausrüstung auch zusätzliche Schutzbekleidung und zwei große Entgiftungssätze.
Die KC-Aufklärungsfahrzeuge SPW-40 Ch waren bis 1971 im Einsatz und wurden dann verschrottet.

Das KC-Aufklärungsfahrzeug SPW-40 Ch in Marschlage (rechtes Bild) und bei der Gefechtsarbeit, das Fähnchenabschussgerät ist nach hinten in Arbeitslage gedreht. Das Bildmaterial stammt aus der DV-46/8 von 1959.

KC-Aufklärungsfahrzeug SPW-40P Ch

Das KC-Aufklärungsfahrzeug **SPW-40P Ch** nutzte als Basisfahrzeug den SPW-40P. Ein unschätzbarer Vorteil gegenüber dem KC-Aufklärungsfahrzeug SPW-40 Ch stellten die niedrige Silhouette, der geschlossene Kampfraum, die Schwimmfähigkeit, die verbesserte Geländegängigkeit und die IR-Nachtfahrausrüstung dar. Die aus der UdSSR gelieferten Fahrzeuge nutzten den SPW-40P als Basis.
Zur Spezial-Ausrüstung des Fahrzeuges gehörten Geräte der chemischen und Kernstrahlungsaufklärung. Da das Fahrzeug keinen hermetisch verschließbaren Kampf- und Fahrerraum hatte, musste die Besatzung bei der Aufklärung permanent die persönliche Schutzausrüstung tragen. Nachweis- und Aufklärungsgeräte bedienten die Aufklärer bei offenem Kampfraum.
Für die Kompaniechefs der Kompanien der Chemische Abwehr rüsteten die Panzerwerkstätten Führungsfahrzeuge **SPW-40P Ch (K)** aus. Sie erhielten einen Arbeitstisch, das zusätzliche Funkgerät R-105 mit einem Leistungsverstärker UM1 sowie einen Funkempfänger R-311. Die Planung sah für jede MSD/ PD ein Fahrzeug vor.
1963 erhielt der Chemische Dienst die ersten sechs SPW-40P Ch. Die Planung sah einen Gesamtbedarf von 251 Fahrzeugen vor, jede Division sollte 25 Fahrzeuge erhalten.

Bf SPW-40P des KC-Aufklärungsfahrzeuges SPW-40P Ch	
Einführungszeitraum	1964
Gefechtsmasse (t)	5,6
Besatzung	5
Abmessung L/B/H (mm)	5700 x 2250 x 1980
Bodenfreiheit (mm)	315
Basisfahrzeug	SPW-40P
Panzer-MG	SGMB 7,62
Kampfsatz Hauptbewaffnung	1250
Watfähigkeit (m)	schwimmfähig
Fahrbereich Str./Gel.(km)	635 / 345
Höchstgeschwindigkeit (km/h)	80
Steigfähigkeit (Grad)	30
Bezeichnung Motor	GAS-40P
Typ Motor	4-Takt-Otto / R-6
Leistung (PS/kW)	90 / 66
Hubraum (l)	3,48
Kraftstoffvorrat gesamt (l)	190
Kühlung	Wasser
Federung	Blattfedern

Der SPW-40P Ch, die Handlungen der Aufklärer erfolgten bei geöffnetem Kampfraum.

KCB-Aufklärungsfahrzeug SPW-40P2 Ch

Das KCB-Aufklärungsfahrzeug SPW-40P2 Ch wurde ab 1966 zur Führung der Kernstrahlungs-, chemischen und erstmals auch der biologischen Aufklärung eingesetzt. Die NVA importierte bis 1986 über 560 SPW-40P2 Ch und ersetzte die bis dahin genutzten SPW-40 Ch und SPW-40P Ch und alle anderen Interimslösungen.

Das KCB-Aufklärungsfahrzeug wurde mit umfangreichen technischen Mitteln ausgerüstet, die das sichere und schnelle Aufklären, das Nachweisen eines umfangreichen Spektrums an chemischen und biologischen Kampfstoffen und das Warnen anderer Einheiten bei höchstmöglichem Schutz für die Aufklärer ermöglichte. Dafür erhielt das Fahrzeug zwei Fähnchenschießgeräte, einen Hermetisierungssatz, einen Probenentnahmesatz sowie Geräte und Mittel der KCB-Aufklärung. Mit Hilfe des Hermetisierungssatzes konnte die Besatzung erstmals die Aufklärung bei geschlossenem Fahrzeug führen. Dazu wurde in die rechte Nahkampfluke ein Lukenverschluss mit Ansaugöffnung eingeschraubt. Drei Verbindungsleitungen verbanden die Ansaugöffnung mit dem Kampfstoffanzeiger. Der Probenentnahmesatz ermöglichte die Untersuchung von Boden- und Wasserproben, von Schüttgut, von Insekten, von Granatsplittern und der Luft. Als Markierungsmittel wurden zwei Fähnchenschießgeräte mit je 20 Markierungsfähnchen eingesetzt, mit deren Hilfe die Ränder befallener Geländeabschnitte markiert wurden. Der meteorologische Satz Ch erlaubte das Ermitteln von bodenmeteorologischen Angaben wie der Windrichtung und -geschwindigkeit, der Boden- und der Lufttemperatur, dem Luftdruck und der relativen Luftfeuchtigkeit.

Ab Mitte der 1980er Jahre kamen als Mittel zur Warnung zwei Abschussvorrichtungen für das *Signal Chemischer Alarm (40-mm Handsignal mit Pfeifton und 5*

Bf SPW-40P2 des KCB-Aufklärungsfahrzeuges SPW-40P2 Ch	
Einführungszeitraum	1969 - 1986
Gefechtsmasse (t)	7,2
Besatzung	4
Abmessung L/B/H (mm)	5750 x 2350 x 2310
Bodenfreiheit (mm)	330
Basisfahrzeug	SPW-40P2
Turm-MG	KPWT 14,5
Panzer-MG	PKT 7,62
Kampfsatz Hauptbewaffnung	500
Watfähigkeit (m)	schwimmfähig
Fahrbereich Str./Gel.(km)	450 / 415
Höchstgeschwindigkeit (km/h)	100
Steigfähigkeit (Grad)	30
Bezeichnung Motor	GAZ-41
Typ Motor	4-Takt-Otto / V-8
Leistung (PS/kW)	140 / 103
Hubraum (l)	5,53
Kraftstoffvorrat gesamt (l)	280
Kühlung	Wasser / Lüfter
Federung	Blattfedern

Sterne rot) in die Ausrüstung. Diese Vorrichtungen wurden vor den Halterungen der Fähnchenschießgeräte integriert und aus dem Fahrzeug heraus betätigt. Das KCB-Aufklärungsfahrzeug SPW-40P2 Ch kam in allen Kampf- und Mob-Einheiten zum Einsatz, die bei direktem oder bei zu erwartendem Feindkontakt die KCB-Aufklärung durchführen mussten, also hauptsächlich in den Einheiten den LaSK. In einer MSD wurden z.B. bis zu 33 SPW-40P2 Ch eingesetzt.

Das KCB-Aufklärungsfahrzeug SPW-40P2 Ch, neben dem Turm oben an der Wanne befanden sich zwei verpackte Sätze Markierungsfähnchen (oberes Bild). Vor der Halterung des Fähnchenschießgerätes war die abgedeckte Polklemme der Abschussvorrichtung für das Signal Chemischer Alarm.

KCB-Aufklärungsfahrzeug SPW-70 Ch

Das KCB-Aufklärungsfahrzeug SPW-70 Ch, am Heck die beiden Fähnchenschießgeräte, am Turm die Abschussrohre der Nebelgranat-Verschussanlage.

Das KCB-Aufklärungsfahrzeug auf Basis des SPW-70 Ch diente der Führung der Kernstrahlungs-, chemischen und unspezifischen bakteriologischen Aufklärung mit modernsten Gerätekomplexen. Ausgerüstet mit der Navigationsanlage TNA3, einem Hermetisierungssatz, Mitteln zur Probenentnahme, zwei Fähnchenschießgeräten und zwei Abschussvorrichtungen für das *Signal Chemischer Alarm (40-mm Handsignal mit Pfeifton und 5 Sterne rot)* verfügte der SPW-70 Ch über die gleichen Elemente wie der SPW-40P2 Ch. Allerdings kamen gerade im Bereich der verschiedenen Kernstrahlungs- und chemisch-biologischen Aufklärungsarbeiten neue Geräte aus DDR-Entwicklung zum Einsatz, so z.B. das Kernstrahlungsaufklärungsgerät 1/1 mit Bedien- und Verarbeitungsgerät 1/1B sowie das Gerät zur Chemischen Aufklärung 21. Das gegen den elektro-magnetischen Puls resistente Kernstrahlungsaufklärungsgerät 1/1 war u.a. für den Geländeeinsatz und den Einsatz in gepanzerten Fahrzeugen zur Kernstrahlungsaufklärung, -kontrolle und -warnung unter modernen Gefechtsbedingungen entwickelt und produziert worden. Im Zusammenwirken mit dem Bedien- und Verarbeitungsgerät 1/1B, dem Navigationsgerät TNA3 und dem strukturellen Funkgerät war die Eingabe oder automatische Übernahme von 100 Datensätzen mit KCB-Aufklärungsdaten, deren Fernübertragung und Protokollierung auf einem anschließbaren Drucker bzw. deren Weiterverarbeitung auf einem Bürocomputer oder einer Beweglichen Rechenstelle möglich. Mit dem mobilen Gerät zur Chemischen Aufklärung 21 konnte die Über- bzw. Unterschreitung einer Schwellkonzentration von phosphororganischen Kampfstoffen (SOMAN) in der Luft automatisch bestimmt und akustisch signalisiert werden. Weiterhin gehörte eine Nebelgranat-Verschussanlage, am Heck des Turmes angeordnet, zur Ausrüstung des Fahrzeuges.

1989 wurde ein Muster des SPW-70 Ch in der Panzerwerkstatt-2 ausgerüstet und in die Struktur der Offiziershochschule der Landstreitkräfte aufgenommen. Die Umrüstung weiterer SPW-70 war zu diesem Zeitpunkt aufgrund fehlender SPW nicht vorgesehen.

Bf SPW-70 des KCB-Aufklärungsfahrzeuges SPW-70 Ch	
Einführungszeitraum	1989
Gefechtsmasse (t)	11,5
Besatzung	4
Abmessung L/B/H (mm)	7535 x 2814 x 2410
Bodenfreiheit (mm)	475
Turm-MG	KPWT 14,5
Panzer-MG	PKT 7,62
Kampfsatz Hauptbewaffnung	500
Watfähigkeit (m)	schwimmfähig
Fahrbereich Str./Gel.(km)	500 / 340
Höchstgeschwindigkeit (km/h)	80
Steigfähigkeit (Grad)	30
Bezeichnung Motor	2 x ZMZ 490
Typ Motor	4-Takt-Otto / R-6
Leistung (PS/kW)	115 / 85
Hubraum (l)	4,25
Kraftstoffvorrat gesamt (l)	370
Kühlung	Wasser / Lüfter
Federung	Drehstab

KC-Aufklärungsfahrzeug SPW PSH Ch

Als Aufklärungsfahrzeug SPW PSH Ch in den Einheiten der Chemischen Abwehr der Grenztruppen der DDR eingesetzt, rüstete die Panzerwerkstatt-2 diese speziellen SPW PSH Ch aus. Die Planung sah die Beschaffung der erforderlichen zwölf Fahrzeuge für 1979 vor. Zwei Fähnchenschießgeräte wurden anstelle des Entgiftungsgerätes MK-67P am Heck des SPW befestigt, die vier Taschen mit den Ersatzfähnchen wurden auf der linken Seite hinter der Spilltrommel befestigt. Auf dem Turm befand sich hinter dem Kopfteil des Zielfernrohres die Abschussanlage des Signalabschussgerätes, die Schalttafel für das Signalabschussgerät war im Turm installiert. Als Zusatzausrüstung wurden ein Automatischer Kampfstoffanzeiger GSP-11 oder GSP-12, ein Halbautomatischer Kampfstoffanzeiger PPChR, ein Kampfstoffanzeiger WPChR und ein Bodenprobenentnahmesatz, mitgeführt. Ein Meteorologischer Satz, das Kernstrahlungswarn- und -aufklärungsgerät RWA-72M und ein Detonometriesatz DS-70 ergänzten die Ausrüstung. Da die Besatzung auf fünf Mann reduziert wurde, konnten mehrere Einzelsitze entfernt und so Platz für die umfangreiche Ausrüstung geschaffen werden. Das Entgiftungsgerät MK-67P fand einen Platz auf der rechten Seite im Kampfraum. Der Kampfsatz für die Turmbewaffnung entsprach der des SPW PSH.

Bf SPW PSH des KC-Aufklärungsfahrzeuges SPW PSH Ch	
Einführungszeitraum	1979
Basisfahrzeug	SPW PSH
Gefechtsmasse (t)	7,52
Besatzung	5
Abmessung L/B/H (mm)	5695 x 2500 x 2308
Bodenfreiheit (mm)	300
Turm-MG	KPWT 14,5
Panzer-MG	PKT 7,62
Kampfsatz Hauptbewaffnung	500
Watfähigkeit (m)	schwimmfähig
Fahrbereich Str./Gel.(km)	825 / 625
Höchstgeschwindigkeit (km/h)	80
Steigfähigkeit (Grad)	30
Bezeichnung Motor	D-414.44/2
Typ Motor	4-Takt-Diesel / R-4
Leistung (PS/kW)	100 / 74
Hubraum (l)	5,516
Kraftstoffvorrat gesamt (l)	220
Kühlung	Wasser / Lüfter
Federung v / h	Schrauben- / Blattfeder

Der SPW PSH Ch, sicheres Erkennungsmerkmal waren die beiden Fähnchenschießgeräte am Heck des Fahrzeuges. Das ursprünglich unter den Fähnchenschießgeräten angeordnete Entgiftungsgerät MK-67P wurde im Kampfraum untergebracht.

Panzertechnik zur Aufnahme von Ausrüstung des Medizinischen Dienstes

Bf SPW-152K für den Sanitäts-SPW-152K

Von 1972 bis 1980 rüstete die Panzerwerkstatt-2 in Großenhain 48 SPW-152K zu Sanitäts-SPW-152K um. Ihr Einsatz erfolgte als Berge- und Transportmittel für Geschädigte in den medizinischen Einheiten der MSR und PR. Die Beschaffung gepanzerter Sanitäts-SPW war dringend notwendig geworden, da bei dem hohen Angriffstempo der Panzer und Mot-Schützen mit liegengebliebenen Kräften des Gegners zu rechnen war, die eine schnelle Bergung mit Sanitäts-Kfz erschweren könnten. Weiterhin fehlten Funkverbindungen zum Bataillonsstab, wodurch sich Befehle an den Bataillons-Feldscher zum Bergen und zum Abtransport der Geschädigten vom Gefechtsfeld verzögerten.
Eine Alternative zu den Sanitäts-Kfz bildeten umgerüstete SPW-152K, die bis zu fünf Krankentragen im Kampfraum unterbringen konnten. Dazu mussten die Hecktüren bis auf Wannenbreite verbreitert und ein Krankentragegestell eingebaut werden. Eine weitere Möglichkeit bestand in der Nutzung der Sitzbänke für den Geschädigtentransport. Als Kennzeichnung wurden die Fahrzeuge mit dem roten Kreuz an den Seitenwänden ausgestattet.
Die Planung sah einen Anfangsbedarf von 48 Fahrzeugen vor, von denen jeweils zwei in die MSR und PR der ständigen Gefechtsbereitschaft einzuführen waren. Für die Mob-Einheiten sollten weitere 32 SPW umgerüstet werden. Da die NVA nur über 63 SPW-152K verfügte und diese nicht schwimmfähig waren, mussten andere Möglichkeiten eruiert werden. In die nähere Auswahl kam die Umrüstung des SPW-50PK. Erst 1987 konnte mit Einführung des MT-LB San für den Geschädigtentransport eine optimale Lösung gefunden werden.

Sanitäts-SPW-152K, gekennzeichnet durch das rote Kreuz an der Wannenseite.

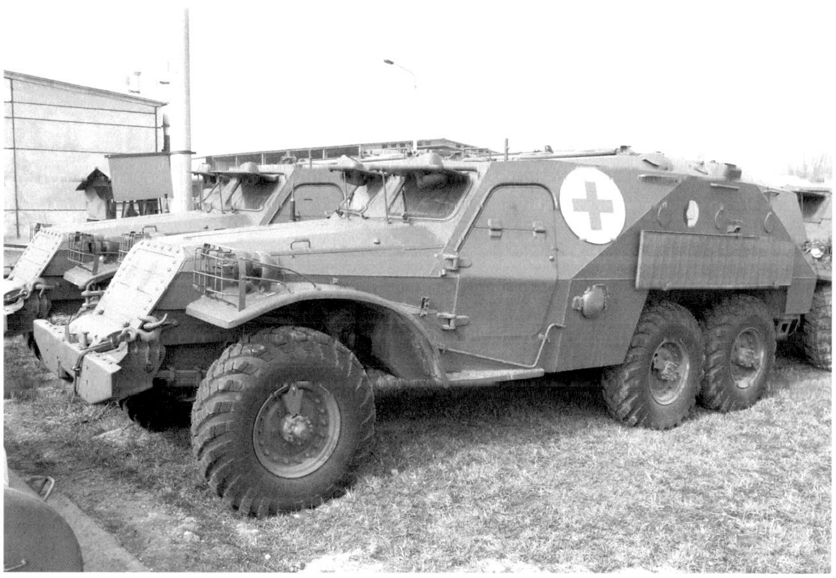

Bf SPW-152K für den Sanitäts-SPW-152K	
Umrüstungszeitraum	1971 – 1974
Gefechtsmasse (t)	8,95
Besatzung	2
Abmessung L/B/H (mm)	6830 x 2350 x 2050
Bodenfreiheit (mm)	300
Basisfahrzeug	SPW-152K
Watfähigkeit (m)	0,8
Fahrbereich Str./Gel.(km)	800 / 425
Höchstgeschwindigkeit (km/h)	65
Steigfähigkeit (Grad)	30
Bezeichnung Motor	ZIL-123W
Typ Motor	4-Takt-Otto / R-6
Leistung (PS/kW)	110 / 81
Hubraum (l)	5,55
Kraftstoffvorrat gesamt (l)	340
Kühlung	Wasser / Lüfter
Federung	Blattfedern

Panzertechnik zur Aufnahme von Ausrüstung der Politorgane

Bf SPW-60PB für die Großlautsprecher-station-3000

1971 wurde erstmals das Funktionsmuster der Großlautsprecherstation-3000 (GLS-3000) auf SPW-60PB vorgestellt. Bereits 1968 übergab der Panzerdienst einen fabrikneuen SPW-60PB an die Politische Hauptverwaltung als Basis für die Entwicklung und den Bau einer Großlautsprecherstation. Die GLS-3000 sollte für die elektro-magnetische Übertragung von Sprache, Musik, Signalen und Geräuschen im Stand eingesetzt werden. Dabei mussten die Besatzung und die technische Ausrüstung weitestgehend vor Beschuss geschützt, die Nutzung nach dem Einsatz von Kernwaffen und der Verschuss von Fallschirmleuchtgeschossen-5000 Agit 4 zum Flugblatteinsatz möglich sein.

Der SPW-60PB diente als Basis für die Großlautsprecherstation-3000.

Das Problem bestand in der Beschaffung von geeigneten Lautsprechern für eine, hydraulisch aufzurichtende, 3000 W leistende Lautsprecher-Schallwand. Für das erste Muster wurden deshalb 12 TESLA Exponentiallautsprecher von je 300 W beschafft. Weiterhin kamen rechts und links am Turm zwei TESLA DKL H50T Lautsprecher mit je 50 W zum Einsatz.
Die Energieversorgung der Musterverstärker von 2 x 1600 W machte den Einbau von zwei, 3 kW leistende, Generatoren, die über schaltbare Nebenantriebe an den Fahrmotor angeflanscht wurden, erforderlich.
Die Gefechtsmasse einer komplett ausgerüsteten GLS-3000 betrug 10.400 kg, die akustische Reichweite lag bei 6000 m. Da die Lautsprecher-Schallwand hinter dem Turm angeordnet war und während der Fahrt umgelegt werden musste, entstand eine unzulässige Einschränkung des Schusssektors der Turmbewaffnung nach hinten.

Es blieb bei einem Funktionsmuster, da die geplante Anzahl an GLS-3000 fast dem Kampfbestand eines MSR entsprach. Dazu sollten ab 1971 die Stabskompanien der Gefechts- und Mob-Einheiten (Soll I und Soll II) mit je einer GLS-3000 als Führungsfahrzeug des Politstellvertreters ausgerüstet werden. Außerdem waren die personellen Voraussetzungen für die Einführung in die Propaganda- und Versorgungszüge nicht gewährleistet.

Bf SPW-60PB für die Großlautsprecher-station-4000

1974 gab es einen weiteren Versuch zur Ausrüstung eines SPW-60PB mit Großlautsprechern für die 2. Propagandabrigade. Das Ergebnis war in diesem Fall ein SPW-60PB mit einer 4000 W Lautsprecher-Schallwand. Die Verstärkertechnik und die Stromversorgung wurden überarbeitet, die beiden Einzellautsprecher an das Heckteil verlegt. Dazu wurde das Funktionsmodell der GLS-3000 von 1971 weiterentwickelt.
Da die aufgerichtete Lautsprecher-Schallwand höher als beim Vorgängermodell ausfiel, musste für die Verschussanlage der Fallschirmleuchtgeschosse-5000 Agit 4 eine

neue Lösung gefunden werden. Ihr Einsatz erfolgte auf zwei abklappbaren Rahmen, die oberhalb des dritten Rades an der Wanne befestigt wurden. Beide Rahmen waren in Marschlage nach oben und in Arbeitslage in waagerechte Lage geklappt. Der Abschuss der FLG-5000 Agit 4 erfolgte direkt aus den Rahmen.

Im Perspektivzeitraum für die Entwicklung der NVA von 1976 bis 1980 war der Einsatz von jeweils zwei GLS-4000 in den Propaganda- und Versorgungszügen-3 und -5 sowie von jeweils vier GLS-4000 in den Propagandakompanien-3 und -5 als Ablösung der Großlautsprecherstation-63 auf Spezial-Kfz LO-1800A vorgesehen.

Ende 1975 wurden durch den Chef des Hauptstabes für Mechanisierung und Automatisierung der Truppenführung die Untersuchungsergebnisse und Entwicklungsvorschläge für ein Feldführungssystem der LaSK in den MSR/PR und in den MSD/PD vorgestellt, die in die Strukturentwicklung der NVA ab 1980 einfließen sollten. Ein Bestandteil dieser Vorschläge war die Einführung der GLS-4000 als Führungs- und Spezialfahrzeug für die *Arbeitsgruppe Politische Arbeit*. Die GLS-4000 sollte einerseits die erforderlichen Bedingungen für die Führung der politischen Arbeit gewährleisten. Andererseits bot das Basisfahrzeug einen gewissen Schutz der Besatzung und der technischen Ausrüstung vor Infanteriegeschossen und Granatsplitter. Es ermöglichte weiterhin das Passieren von radioaktiv verstrahltem Gelände und das Überwinden von Wasserhindernissen ohne große Vorbereitungsarbeiten.

Das Projekt GLS-4000 wurde 1978 durch eine Entscheidung des Ministers für Nationale Verteidigung abgebrochen. Der Grund war, dass für diesen Verwendungszweck keine SPW-60PB eingesetzt werden durften. Daraufhin begannen die Entwicklungsarbeiten an der GLS-1 auf Spezial-Kfz W-50.

Die Politische Hauptverwaltung gab nicht auf. Im November 1983 ging an den Minister für Nationale Verteidigung der Antrag um Aufnahme der Entwicklung der **Großlautsprecherstation-2** (GLS-2) auf Rad-SPW. Die GLS-1 konnte nur auf Straßen und befestigten Wegen eingesetzt werden, eignete sich also für die Verwendung bei den Grenztruppen, bei der Zivilverteidigung oder den Kampftruppen. Die 2. Propagandabrigade benötigte dringend eine GLS, die vor allem im Gelände einsetzbar wäre. Sie orderte u.a. sechs GLS, die in den Propagandaabteilungen-3 und -5 eingesetzt werden sollten.

Obwohl der Minister für Nationale Verteidigung am 08.12.1983 das Projekt GLS-2 ein drittes Mal ablehnte, erschien 1988 in der Übersicht *Vorschläge für wesentliche Themen der militärischen Forschung und*

Die GLS-4000 in Arbeits- und in Marschlage. In Arbeitslage war die Schallwand aufgerichtet, die Verschussanlage für die FLG-5000 Agit 4 abgeklappt (linkes Bild).

Entwicklung bis zum Jahr 2000 die Großlautsprecherstation-2 auf SPW. Der Zeitraum 1993 bis 1996 war für Forschung und Entwicklung geplant, ab 1997 sollte die Produktion erfolgen. Im selben Jahr erfolgte die Aufnahme der GLS-2 in das Verzeichnis der *Bewaffnung und Militärtechnik, die im Zeitraum bis zum Jahre 2000 aus der Produktion der Volkswirtschaft der DDR zur Ausstattung der Armeen der Teilnehmerstaaten des Warschauer Vertrages vorgesehen ist.*

Die Großlautsprecherstation-4000 wurde ausführlich getestet, sie war schwimmfähig und konnte die Verwindungsstrecke problemlos passieren.

Basisfahrzeuge zur Aufnahme von Technik des Militärtransportwesens

Bf Kettentraktor S-100 des Traktor-Portalgleisverlegers PB-2

(Путеукладчик портальный тракторный ПБ-2 = Traktorportal-Gleisverleger PB-2)

Der **Traktor-Portalgleisverleger PB-2** diente dem Verlegen und Aufnehmen von Eisenbahngleisen auf ein- und zweigleisigen Strecken mit einer Spurweite von 1524 und 1435 mm. Es konnten bis zu 25 m lange Gleisjoche aus Betonschwellen mit einer Masse bis zu 18 t sowie bis zu 30 m lange Gleisjoche aus Holzschwellen mit einer Masse von bis zu 9 t verlegt und aufgenommen werden. In sieben Stunden wurden mit fünf Armeeangehörigen bis zu 2 km Gleis verlegt. Der Traktor-Portalgleisverleger PB-2 konnte mit eigenem Antrieb auf dem Eisenbahngleis oder auf vorbereiteten Wegen im Gelände fahren.

Als Zugmaschine kam der Kettentraktor S-100 mit kombiniertem Laufwerk und Generator zum Einsatz.

Der Kettentraktor S-100 musste für die Schienenfahrt vorbereitet werden. Dazu wurden an den Innenträgern der Rahmen beider Laufwerke fünf Zusatzlaufrollen auf jeder Seite des Kettentriebwerkes angebracht. Die Zusatzlaufrollen befanden sich vor den Grundlaufrollen, sie verhinderten eine Schrägstellung der Kettenglieder während der Schienenfahrt. Auf jedes Kettenglied wurde ein Kettenstollen mit Steg und Führungsstollen befestigt. Der Kettenstollen hatte eine Ausnehmung in Form des Schienenkopfes und unterstützte so das Seitenstandvermögen des Kettentraktors auf den Schienen. Zur elektrischen Ausrüstung des PB-2 gehörte ein Drehstromgenerator als Stromquelle, der auf dem Rahmen des Kettentraktors S-100 befestigt war und von der Kurbelwelle des Motors angetrieben wurde. Der Generator konnte nur bei stillstehendem Motor durch das Herausnehmen der Gelenkwellen zwischen Motor und Generator ein- bzw. ausgekoppelt werden. Er erzeugte 380V/50Hz Drehstrom mit einer Leistung von 37,5 kW. Mit Hilfe eines Transformators wurden Spannungen von 220 V und 12 V erzeugt. Die Masse des Kettentraktors mit Generator erreichte 13.500 kg.

Eine durch Laschen an den Schienensträngen befestigte Auffahrvorrichtung diente dem Vorkopfauf- und dem Vorkopfabgleisen der Zugmaschine. Bei Nichtgebrauch wurde sie am Rahmen des Kettenlaufwerkes der Zugmaschine angeschraubt.

In den Unterlagen des Militärtransportwesens wurde 1968 ein Traktor-Portalgleisverleger PB-2 nachgewiesen. Im gleichen Jahr wurden die ersten zwei Nachfolgemodelle eingeführt.

Bf Kettentraktor T-100 des Traktor-Portalgleisverlegers PB-3 und PB-3M

Der **Traktor-Portalgleisverleger PB-3** verfügte über die gleichen taktisch-technischen Parameter wie sein Vorgänger, der PB-2. Als Zugmittel wurde der Kettentraktor T-100M bzw. T-100MZ eingesetzt. Die Unterschiede zwischen den Varianten PB-3 und PB-3M waren in den Portalgleisverlegern zu suchen.

Die Planung sah vor, 1968 die ersten beiden Traktor-Portalgleisverleger PB-3 einzuführen. Bis 1990 wurden insgesamt vier PB-3 und 14 PB-3M für das Militärtransportwesen beschafft.

Da 1990 die Sicherstellung mit Ersatzteilen für den Kettentraktor T 100M auslief, plante das MTW die Umrüstung der 18 vorhandenen Traktor-Portalgleisverleger PB-3/ PB-3M auf den Kettentraktor T-130.

Der Kettentraktor T-100M, umgerüstet als Zugmittel für den Traktor-Portalgleisverleger PB-3 mit vor dem Motor angeordnetem Generator. Auf den einzelnen Kettengliedern wurden Kettenstollen befestigt, deren Führungsstollen das sichere Fahren auf den Schienen unterstützten. Auf dem Bild sind die fünf Zusatzlaufrollen zu sehen, die Grundlaufrollen liegen dahinter und sind nicht zu sehen.

Der Traktor-Portalgleisverleger PB-3 setzte sich aus dem Zugmittel, einem Kettentraktor T-100M, und dem angehängten Portalgleisverleger zusammen (linkes Bild). Rechts das Zugmittel mit verändertem Laufwerk und veränderter Verkleidung für den Motor mit Generator. Bei beiden Zugmitteln fehlten die Auffahrvorrichtungen, die Halterungen waren an den Rahmen des Kettenlaufwerkes erkennbar.

Bf Kettentraktor T-100MGP des Bettungspfluges TDG-2

(Тракторные гидравлические дозировщики ТДГ-2 = Hydraulische Dosiermaschinen für Traktoren TDG-2)

Der Bettungspflug TDG-2 wurde für Bettungsarbeiten beim Bau und bei der Wiederherstellung von Eisenbahnstrecken eingesetzt. Er diente dem Herstellen des Bettungsplanums, dem Einpflügen und Querfördern des Bettungsmaterials, dem Herstellen der Bettungsschulter sowie für Verladearbeiten bei den Einheiten des Militärtransportwesens.

1980 erhielt die NVA ihren ersten Bettungspflug TDG-2 auf Basis des Kettentraktors T-100MGP.

Mit Zuführung des Kettentraktors T-130 als Basisfahrzeug für den Bettungspflug TDG-2 wurde die Bezeichnung mit dem Zusatz, TDG-2 T-100 bzw. TDG-2 T-130 ergänzt.

Der Bettungspflug TDG-2 T-100 setzte sich aus dem Kettentraktor T-100MGP als Basisfahrzeug, der Pflugeinrichtung und dem hydraulischen Ladekran 4030P zusammen. Die NVA nutzte zwei Bettungspflüge TDG-2 T-100, von denen einer 1990 aufgrund von Strukturveränderungen an die Volkswirtschaft abgegeben wurde.

Der Kettentraktor T-100MGP wurde, wie der Traktor-Portalgleisverleger, mit einem kombinierten Laufwerk für die Schienenfahrt ausgerüstet. Ein Schubrahmen übertrug die Kraft des Kettentraktors auf die Pflugeinrichtung. Die Pflugeinrichtung setzte sich aus dem Frontschild, den beiden Seitenschilden und der Stellvorrichtung zusammen. Das Frontschild wurde mit Hilfe von Druck- und Führungsrollen auf den beiden Schienen geführt. Die Druckrollen leiteten die bei der Arbeit entstandenen Kräfte auf die Schiene ab, die Führungsrollen glitten an der Innenseite des Schienenkopfes und führten die Pflugeinrichtung. Die Seitenschilde waren schwenkbar am Frontschild befestigt, sie konnten horizontal und vertikal verstellt werden. Mit der Stellvorrichtung und einer dem Bettungspflug vorgelagerten Basisplatte wurde die Arbeitstiefe reguliert. Die Dicke des abzuschiebenden Bettungsmaterials hing von der eingestellten gegenseitigen Höhenlage der Basisplatte und der Bettungsoberfläche ab. Die Basisplatte tastete während der Arbeit die Höhe der Bettung permanent ab. Die im Bettungspflug verbaute Hydraulikanlage diente u.a. dem Anheben des Frontschilds, dem Steuern der beiden Seitenflügel und der Arbeit des Ladekranes. Der hydraulische Ladekran war auf einer Konsole über dem hinteren Achsgehäuse befestigt. Im Achsgehäuse befand sich eine hydraulische Drehvorrichtung, die ein Drehen des Ladekrans im Bereich von 200° ermöglichte. Er diente dem Heben von Lasten bis 500 kp.

Die Fahrgeschwindigkeit des Bettungspfluges auf Schienen/im Gelände erreichte maximal 10,45/5,22 km/h.

Die maximale Pflugbreite bei geöffneten Seitenschil-

Der Bettungspflug TDG-2 T-100 in Marsch- und Arbeitslage.

den/beim Planieren lag bei 6100/3300 mm. Die Ausmaße des Bettungspfluges TDG-2 in Marschlage betrugen (L x B x H) 4850 x 3240 x 3250 mm bei einer Gefechtsmasse von 14.500 kg.
Die Bundeswehr übernahm einen Bettungspflug TDG-2 T-100 und ordnete ihn in die Kategorie III – Verwertung – ein.

Der Bettungspflug TDG-2 T-100 mit entfalteter Pflugeinrichtung, die Seitenschilde wurden nach vorn zu einem Pflug gedreht. Mit Hilfe der fast einen Meter breiten Basisplatte konnte der auf dem angebauten Sitz platzierte Maschinist über ein Stellrad die Arbeitstiefe des Bettungspfluges regulieren.

Bf Kettentraktor T-130 des Traktor-Portalgleisverlegers PB-3M1

Für den Traktor-Portalgleisverleger PB-3M1 kam der T-130 als Zugmittel zum Einsatz. Das Fahrwerk wurde wie beim PB-3 und PB-3M für das Fahren auf der Schiene mit Zusatzlaufrollen und Kettenstollen modifiziert. Für die Energieversorgung des Portalgleisverlegers wurde vor dem Motor ein Generator installiert. Die taktisch-technischen Daten des PB-3M1 entsprachen denen des Vorgängermodells.
1990 befanden sich zwei Traktor-Portalgleisverleger PB-3M1 in den Einheiten der NVA.

Einer der, in der NVA eingesetzten, modifizierten Kettentraktoren T-130 als Zugmittel für den Traktor-Portalgleisverleger PB-3M1.

Bf Kettentraktor T-130 des Bettungspfluges TDG-2 T-130

Die in der NVA eingesetzten Bettungspflüge nutzten hauptsächlich den Kettentraktor T-130 als Basisfahrzeug. Die Ausmaße des Bettungspfluges TDG-2 T-130 in Marschlage (L x B x H) betrugen 5050 x 3490 x 3250 mm bei einer Gefechtsmasse von 19.432 kg.
1990 befanden sich 31 Bettungspflüge TDG-2 T-130 im Bestand der NVA.

Der Bettungspflug TDG-2 T-130 in Marschlage.

Basisfahrzeuge zur Aufnahme von Technik des Militärbauwesens

Bf Traktor MTZ-80 BELARUS der Grabenfräse ETZ-165

(ЭТЦ-165 – Экскаватор траншейный цепной = ETZ-165 Grabenkettenbagger)

Für das Verlegen von Kabeln und Rohrleitungen mit kleinem Durchmesser entwickelte und produzierte das *Tallinner Baggerwerk (Таллинский экскава́торный заво́д – ТЭЗ = Tallinner Baggerwerk – TEZ)* ab 1975 die Grabenfräse ETZ-165, die ab 1980 in der DDR eingesetzt wurde. Basis bildete der in Minsk produzierte Traktor MTZ-80. Der Index 165 gab mit Hilfe der ersten beiden Ziffern die Tiefe des auszufräsenden Grabens in Dezimetern (also 1,6 Meter) an, die dritte Ziffer erklärte die Modellnummer.

Zur Ausrüstung der Grabenfräse gehörten neben dem Basisfahrzeug der am Heck angeordnete Fräsbalken, das am Fahrzeugbug befestigte Planierschild und die für die Bewegung der Arbeitsorgane erforderliche Hydraulikanlage.

Der Fräsbalken diente dem Ausheben von Gräben mit rechteckigem Querschnitt bei einer maximalen Tiefe von 1600 mm und einer Breite von 20 mm, 27 mm oder 40 mm. Dabei wurden Arbeitsgeschwindigkeiten in Abhängigkeit der Bodenklasse von 20 bis 650 m/h erreicht. Die Tiefe des Grabens wurde durch den Anstellwinkel des Fräsbalkens, maximal 60° reguliert. Der Fräsbalken setzte sich aus einem Rahmen, einer Kette mit Fräs- und Räumzinken, einer Kettenspanneinrichtung und einem Leitrad zusammen. Die Fräszinken schnitten den Boden, während die Räumzinken das Erdreich in Richtung Schneckenförderer ausräumten. Durch die unterschiedlich breite Montage der Fräs- und Räumzinken auf den 56 Kettengliedern konnten die unterschiedlichen Grabenbreiten realisiert werden. Zwei Stützrollen im Fräsbalkenrahmen sicherten die Führung der Kette. Der Antrieb der Fräse erfolgte über ein dreistufiges Fräskettenuntersetzungsgetriebe, das über eine Zapfwelle vom Hauptgetriebe bedient wurde. Das Getriebe bot vier Arbeits- (0,65 – 1,2 – 1,5 und 2,1 m/s) und zwei Rückwärtsgeschwindigkeiten. Zum Schutz des Fräsbalkens vor unüberwindlichen Hindernissen kam eine Sicherheitskupplung zum Einsatz. Mit Hilfe von zwei Räumschnecken wurde das ausgehobene Erdreich seitlich des Grabens verteilt. Die Verteilungsbreite der Räumschnecken ließ sich in 40-mm-Schritten bis 400 mm regulieren. In Marschlage wurde der Fräsbalken zur Entlastung der Hydraulikzylinder mechanisch arretiert.

Das bewegliche Planierschild, B x H von 2240 x 625 mm, diente der Sicherstellung der Passierbarkeit des Arbeitsbereiches und gewährleistete ein hochwertiges Verfüllen der Gräben. Das Heben und Senken erfolgte mit Hilfe der Hydraulikanlage, das Einstellen des Schnittwinkels von bis zu 45° musste mechanisch eingestellt werden. Die Schnitttiefe lag bei maximal 125 mm.

Die Ausmaße der Grabenfräse (L x B x H) in Marsch-/Arbeitsstellung betrugen 6000 x 2250 x 3370 mm/7800 x 2250 x 2500 mm bei einer Masse von 5800 kg.

Die Grabenfräse ETZ-165 im Einsatz. Ein bereits ausgelegtes Kabel wurde mit einer Kabelführung über das Fahrzeug nach hinten in den fertigen Graben verlegt.

Bf Traktor MTZ-82 BELARUS der Grabenfräse ETZ-165A

Die taktisch-technischen Daten der Grabenfräse ETZ-165A entsprachen denen der Grabenfräse ETZ-165. Aufgrund des Allradantriebes des Traktors MTZ-82 war der Einsatz auch in schwerem Gelände problemlos möglich. Die Ausmaße (L x B x H) der Grabenfräse ETZ-165A in Arbeitsstellung betrugen 7200 x 2340 x 3200 mm bei einer Masse von 6400 kg. Die Bodenfreiheit lag bei 465 mm, die Spurweite vorn/hinten bei 1800/1800 mm. Der 4-Zylinder-Viertakt-Dieselmotor D-240 erreichte bei einem Hubraum von 4,75 l eine maximale Leistung von 58,8 kW/80 PS. Die Höchstgeschwindigkeit wurde von 33 km/h auf 30 km/h gedrosselt, der Kraftstofftank fasste 180 l Kraftstoff.

In den Nachweisführungen der NVA lassen sich keine Bestandszahlen zu den Grabenfräsen ETZ-165 und ETZ-165A finden. Laut Bildmaterial ließ sich der Einsatz beider Grabenfräsen im *Nachrichten-Instandsetzungs-Regiment-7202* belegen.

Die Grabenfräse ETZ-165A mit abgesenktem Fräsbalken in Arbeitsstellung.

Basisfahrzeuge zur Aufnahme von Technik der Grenztruppen der DDR

Bf ATT des Infanterieminen-Legegerätes

Im Studienmaterial zum Thema: *Anlegen und Räumen von Infanterieminensperren* des Pionierdienstes der Grenztruppen der DDR von 1988 wurde zum Thema Infanterieminen-Legegerät u.a. ausgeführt:

Im Ergebnis der Beratung wurden zeitweilige Arbeitsgruppen gebildet mit der Aufgabe, der Erarbeitung einer Konzeption zur komplexen Lösung der mit dem Verlegen und Räumen von Minen in Zusammenhang stehenden Fragen. Diese Konzeption wird dem Minister zur Bestätigung vorgelegt. Geplant sind die Entwicklung und Fertigung folgender spezieller Geräte und Mittel:

1. *Konzeption und Bau eines Minenverlegegerätes im Jahr 1976.*
2. *Fertigung von Sonden (Minensuchgeräte) zur punktgenauen Ortung von Minen.*
3. *Entwicklung spezieller Ladungen zur detonationslosen Vernichtung im Erdboden verlegter Minen.*
4. *Entwicklung und Fertigung zweckmäßiger Schutzbekleidung und Ausrüstung für manuell eingesetzte Minensucher.*

Im System der Grenzsicherungsanlagen nahmen die angelegten Infanterieminensperren einen wichtigen Platz ein. Durch die Pioniereinheiten der Grenztruppen der NVA wurden seit dem Jahre 1961 eine große Anzahl von Infanterieminen der verschiedensten Typen verlegt und im Zuge von planmäßigen Hauptinstandsetzungen vorhandener Minensperren nach verschiedenen Methoden geräumt. Es wurden verlegt:

1961	***Minen POMS-2***
1961 bis 1963	***Minen PMD-6***

Der Minentyp PMD-6 wurde ab 1965 durch den Typ PMN ersetzt. Ab 1971 erfolgte der Einsatz der Mine PMP-71, ab 1978 der Einsatz der (in der DDR gefertigten – Anm. des Autors) *Mine PPM-2.*
Die Minenräumkompanien sind zum maschinellen Verlegen von Infanterieminen mit ***Infanterieminenlegegeräten*** *(IMLG) auf dem Basisfahrzeug ATT*

Das Infanterieminen-Legegerät auf Basis des schweren Kettenzugmittels ATT in Marschlage (linkes Bild). Auffallend waren die langen, nach oben geführten Auspuffrohre (weiß), die den Verlegetrupp vor starker Abgasentwicklung schützten. Mit Hilfe der Verlegeeinrichtung konnten gleichzeitig vier Infanterieminen gedeckt verlegt werden. Dazu mussten die beiden äußeren Zuführungsrutschen in Arbeitslage geklappt werden. In den beiden, links und rechts auf der Arbeitsbühne aufgesetzten, Minenschränken wurden 2 x 360 Infanterieminen PPM-2 transportiert.

ausgerüstet. Beim maschinellen Verlegen der Mine PPM-2 wurde eine tägliche Leistung von 450 bis 500 m lfd. Minensperre mit 4 Minenlinien mit einer Minendichte 5 erreicht. Der Einsatz des Infanterieminenlegegerätes ist effektiv nur dann möglich, wenn im Verlegeabschnitt ein leichter Boden (Bodengruppe 2) mit mittlerer Grasnarbe vorhanden und das Geländeprofil insgesamt eben ist. Günstige Einsatzbedingungen für IMLG sind vor allem in den Nordbezirken und in landwirtschaftlich genutzten Gegenden vorhanden. ...

Geplant war der Einsatz von jeweils zwei IMLG in den Minenräumkompanien-25 und -27 der Grenz-Kommandos NORD und SÜD.

Bf Kettentraktor T-100MGP des Schützenminen-Räumkomplexes

In der 1973 erstellten Studie *Erhöhung des Mechanisierungsgrades durch Bildung von Maschinenkomplexen zum Räumen von Schützenminen an der Staatsgrenze der DDR zur BRD* wurde der momentane Zustand der Minensperren wie folgt eingeschätzt:

Entlang der Staatsgrenze der DDR zur BRD sind seit 1962 Minensperren Typ 62 (vorrangig Schützenminen PMD-6) und Minensperren Typ 66 (Schützenminen PMN) verlegt. Ein großer Teil der Minensperren Typ 62, die 1962 verlegt wurden, sind auf Grund der Verrottung (Gehäuse verwittert, Korrosionseinwirkung auf Zünder) zum überwiegenden Teil nicht mehr funktionssicher. Aufgrund der Tatsache, daß diese Sperren nur noch bedingt wirksam sind, ergibt sich die Notwendigkeit, zur Gewährleistung der Sicherheit, an der Staatsgrenze in der Perspektive vordringlich die Minensperren Typ 62 mit einer Gesamtlänge von 532 km zu räumen und durch neue Sperreinrichtungen zu ersetzen. Die Minensperren Typ 62 wurden ohne vorherige Trassenberäumung eingebaut. Seit ca. 10 Jahren wurde in den Abschnitten dieser Sperren keine Bodenbearbeitung durchgeführt. Das Räumen dieser Sperrsysteme wird erschwert durch das Vorhandensein einer großen Anzahl ungerodeter Stubben, von Baumbeständen mit einem Durchmesser bis 12 cm, der Verwucherung durch Unterholz, Verfilzung der Grasnarbe und verrotteten Wasserdurchlässen. Durch die seit 1962 eingesetzten Meliorationsarbeiten sind vereinzelte Geländeabschnitte versumpft, in denen mit einem Ausschwemmen einzelner Minen aus der Minenlinie zu rechnen ist. Eine Besonderheit im Grenzkommando - Süd stellt das Verlegen der Minen an Steilhängen dar. Durch Sand und Geröllverschiebungen muß mit großer Wahrscheinlichkeit angenommen werden, daß die verlegten Minen ausgeschwemmt bzw. abgewandert sind.
Schlussfolgernd kann eingeschätzt werden, daß zur Gewährleistung einer hohen Sicherheit im Räumprozeß nicht nur die Minenfelder, sondern der gesamte Grenzstreifen im Bereich der Minensperren in einer Breite von 23 - 25 m systematisch geräumt werden muß.

Grundlage für die Schaffung eines Schützenminen-Räumkomplexes (SMRK) bildete die in der NVA im Einsatz befindliche Kettentechnik als Basisfahrzeug unter Einbeziehung geeigneter Anbaugeräte der Forst- und Landwirtschaft der DDR, speziell zur Räumung des Bodenbewuchses und der intensiven Bodenbearbeitung.
Mit dem Schützenminen-Räumkomplex wurde durch das Pionierwesen der NVA von 1972 bis 1974 ein Maschinenkomplex entwickelt und produziert, der eine Vollmechanisierung des Räumens von Schützenminen mit hohem Sicherheitsgrad gewährleistete und eine weitmöglichste Einschränkung des manuellen Räumens erreichte. Unter Berücksichtigung der örtlichen Geländeverhältnisse, dem Verwitterungsgrad der Minen und der Orientierungspunkte sowie der Schaffung einer hohen Sicherheit für die Räumkräfte, wurde der SMRK wie folgt aufgebaut:

Einrichtungen zur Aufklärung der Minenfelder
1. (Kranpanzer T-55TK und Zugraupe T-100/1)
Anbaugeräte zur Beseitigung des Bodenbewuchses
2. (Panzerzugmaschine T-55T/1)
Minenräumgeräte (Panzerzugmaschine T-55T/2

3. und T-55T/3)
Anbaugeräte zur Bodenwälzung (Zugraupe
4. T-100/1 und T-100/2)

Im Ergebnis der Erprobung wurde der Nachweis für die Funktionstüchtigkeit und Wirksamkeit erbracht. Die während der Entwicklung und Erprobung erreichten taktisch-technischen Parameter waren bestimmend für den technischen Höchststand, da zu diesem Zeitpunkt in keiner Armee technische Mittel für ein vollmechanisiertes Räumen von Schützenminen vorhanden waren.

Die Zugraupe T-100/1 nutzte als Basis den Kettentraktor T-100MGP. Mit der Aufklärungskabine erfolgte die Aufklärung der Orientierungspunkte der Minenfelder und der Vernichtung von einzeln aufgefundenen Minen.

Mit den am Heck des Basisfahrzeuges befestigten Bodenbearbeitungsgeräten (Aufsattel-Drehpflug, schwere Zinkenegge, Feinsammelrechen und Scheibenegge) erfolgte die Bodenwälzung bis 20 cm Tiefe. Die Aufklärungskabine und die Bodenbearbeitungsgeräte wurden vom Fahrer über ein zentrales Hydrauliksystem bedient.

Die Zugraupe T-100/2 mit Planierschild D-492, Basis bildete der Kettentraktor T-100MGP, diente dem Planieren von geräumten Geländeabschnitten. Weiterhin erfolgte der Einsatz als Zugmittel für die gleichen, bei der Zugraupe T-100/1 genutzten, Bodenbearbeitungsgeräte. Die Planiereinrichtung sowie die eingesetzten Bodenbearbeitungsgeräte wurden über ein zentrales Hydrauliksystem vom Fahrer bedient.

1974 erhielten die Grenzkommandos NORD und SÜD jeweils einen Schützenminen-Räumkomplex.

Die Zugraupe T-100/1 des Schützenminen-Räumkomplexes mit Aufklärungskabine am Bug und dem Feinsammelrechen am Heck.

Als Bodenbearbeitungsgeräte fanden u.a. die schwere Zinkenegge (oberes Bild) und der Aufsattel-Drehpflug B-010 Verwendung.

SPEZIALTECHNIK

Spezialtechnik des Nachrichtenwesens

Fräsrad-Grabenbagger 589000 und 589200

Der **Fräsrad-Grabenbagger 589000**, auch als Grabenfräse 589000 bezeichnet, wurde ursprünglich als Drängrabenbagger im Meliorationswesen eingesetzt. In der NVA kam diese Grabenfräse zum Verlegen von Fernmeldekabeln z.B. im *Nachrichten-Instandsetzungs-Regiment 7202* zum Einsatz.
Das im *VEB Schwermaschinenbau 7. Oktober Magdeburg* gebaute Fahrzeug setzte sich aus dem Gleiskettenfahrwerk mit Antrieb, dem Arbeitswerkzeug sowie der Fahrerkabine zusammen. Wesentliche Bestandteile des Arbeitswerkzeuges waren das Fräsrad mit 13 leicht auswechselbaren Messern. Das Fräsrad zeichnete sich durch besondere Robustheit aus und wurde mit einer am Bug des Fahrzeuges angeordneten Seilwinde in den Boden abgesenkt oder ausgehoben. Mit dem Fräsrad (Durchmesser 2,70 m) konnten Gräben mit einer Tiefe bis 1,10 m und einer Breite von 0,25 m angelegt werden.

Die Umfangsgeschwindigkeit des Fräsrades konnte mit Hilfe von 3 Vorwärts- und einem Rückwärtsgang gewählt werden: 0,9 – 1,2 – 1,6 und 0,9 m/s. Je zwei beiderseits vom Fräsrad hintereinander und höhenverstellbar angeordnete, pflugstreichblechartige Seitenräumer schoben den geförderten Aushub von der Grabenkante weg. Der Tiefgang des Fräsrades konnte während der

Der Fräsrad-Grabenbagger 589000 in Marschlage (unteres Bild). Ein bereits verlegtes Kabel wurde mit einer Kabelführung über das Fahrzeug nach hinten in den fertigen Graben verlegt. Vorn rechts und links die Seilwinden, die mit Hilfe der durch das Fahrerhaus geführten Seile das Arbeitsorgan hoben und senkten.

Arbeit mit Hilfe der Seilwinde verändert werden. Eine Sicherheitsrutschkupplung schützte beim Auftreten auf Steine den Antrieb und das Fräsrad vor Überlastung und Brüchen. Hinter dem Fräsrad war eine Sohlenräumschaufel angeordnet, die die Grabensohle zusätzlich glättete. Der Antrieb des Fräsrades erfolgte mit Hilfe von zwei, rechts und links vom Arbeitswerkzeug angeordneten und verkleideten Kettentrieben.

Der Motor und das Getriebe für die Seilwinde waren weit vor dem Laufwerk angeordnet, um einen Gewichtsausgleich für das schwere Arbeitsgerät zu schaffen. Das vom Motor erzeugte Drehmoment wurde von einem Getriebe mit 6 Vorwärts- und 1 Rückwärtsgang in zwei Stufen für Arbeitsfahrt (106-373 m/h) und für Transportfahrt (0,695-2,45 km/h) weitergeleitet. Über einen Nebentrieb wurde die Übertragung des Drehmomentes an das Fräsrad bewerkstelligt.

Der **Fräsrad-Grabenbagger 589200** stellte die Weiterentwicklung des Fräsrad-Grabenbaggers 589000 dar. Er besaß einen leistungsfähigeren Motor, ein Gleiskettenfahrwerk von größerer Auflagefläche sowie größere Arbeitstiefe und Arbeitsbreite. Weiterhin war er mit einem hydraulisch verstellbaren Arbeitswerkzeug und einer Nivelliereinrichtung ausgerüstet, die dem Maschinenfahrer die notwendige Steuerbewegung des Fräsrades anzeigte. Die Umfangsgeschwindigkeit des Fräsrades konnte mit Hilfe von 3 Vorwärts- und einem Rückwärtsgang gewählt werden: 1,1 – 1,5 – 1,9 und 1,1 m/s.

Fräsrad-Grabenbagger 589000 und 589200

	589000	589200
Arbeitsmasse (t)	16,75	18,5
Besatzung	1	1
Abmessung L/B/H (mm)	8800 x 2600 x 3100	9500 x 2600 x 3000
Auflagelänge Gleiskette (mm)	2650	3900
Kettenbreite (mm)	600	700
Spurweite (mm)	1920	2020
Arbeitstiefe (mm)	1100	1500
Grabenbreite (mm)	250	300
Durchmesser Fräsrad (mm)	2700	2950
Höchstgeschwindigkeit (km/h)	2,45	2,45
Bezeichnung Motor	EM 4-14-1	EM 4-14-1
Typ Motor	4-Takt-Diesel / R-4	4-Takt-Diesel / R-4
Leistung (PS/kW)	60 / 44	60 / 44
Kühlung	Wasser	Wasser

Der Fräsrad-Grabenbagger 589200 in Marschlage, er bewegte sein Arbeitsgerät hydraulisch, das Gleiskettenfahrwerk wurde wegen des schwereren Arbeitsorganes nach hinten verlängert.

Spezialtechnik des Kfz-Dienstes

Geländegängiges Mehrzweckgerät 2-70

Das geländegängige Mehrzweckgerät 2-70 (GMG 2-70) war vorgesehen für Be- und Entladungen von Transportmitteln aller Art unter stationären und insbesondere unter feldmäßigen Bedingungen in Gerätelagern bis einschließlich Divisionslagern. Es konnte als Transport- und Hubgerät bei der Montage und Demontage von anfallenden Reparaturen unter feldmäßigen Bedingungen bis einschließlich Divisionswerkstätten eingesetzt werden. Da es mit einer Seilwinde ausgerüstet war, konnte es zusätzlich zu Bergearbeiten für Kfz-Technik genutzt werden.

Das GMG 2-70 mit Tragedorn (oberes Bild), mit Teleskopmast und Bohranlage ...

Aufgrund des Allradantriebs und der großvolumigen Bereifung war die Nutzung auch im Gelände möglich. Das GMG 2-70 erreichte auf der Straße eine Marschgeschwindigkeit von ca. 50 km/h und war so in der Lage, eine Fahrzeug-Kolonne zu begleiten.
Bei der Konstruktion des GMG kamen Baugruppen des leichten LKW LO-1800A, z.B. der luftgekühlte Motor, die Kupplung, das Wechsel- und Verteilergetriebe sowie die Achsen zum Einsatz. Das Fahrzeug verfügte über ein zusätzliches Wendegetriebe, das die Vorwärts- und Rückwärtsfahrt in allen Geschwindigkeitsstufen ermög-

Geländegängiges Mehrzweckgerät 2-70	
Einführungszeitraum	ab 1965
Gefechtsmasse (t)	7
Abmessung L/B/H (mm)	3750 x 2100 x 2400
Bodenfreiheit (mm)	280
Wendekreis (m)	5
Radstand (mm)	1800
Spurweite vorn (mm)	1636
Spurweite hinten (mm)	1664
Watfähigkeit (m)	900
Fahrbereich Str./Gel.(km)	225 / –
Höchstgeschwindigkeit (km/h)	50
Überschreitfähigkeit (mm)	800
Bezeichnung Motor	LO4
Typ Motor	4-Takt-Otto / R4
Leistung (PS/kW)	70 / 51
Hubraum (l)	3,345
Radformel	4 x 4
Kraftstoffvorrat gesamt (l)	80
Kühlung	Lüfter

lichte. Alle Bedienelemente waren fahrtrichtungsbezogen doppelt angeordnet. Das Lenkrad konnte nach Bedarf umgesteckt werden. Nachteilig für die Beweglichkeit dieses Feldhebezeuges wirkte sich das Fehlen einer Lenkhilfe aus.

Das GMG 2-70 wurde im *VEB Industriewerk Halle/Nord (Kombinat baukema)* hergestellt und der NVA geliefert. Das Basisfahrzeug wurde dazu mit dem Frontmast eines 3,2-Tonnen-Staplers von TAKRAF kombiniert. Es konnte mit verschiedenen Anbaugeräten, wie Tragedorn, Schaufel und Planierschild versehen werden. Die maximale Tragfähigkeit des Hubmastes erreichte 2 t bei einer größten Hubhöhe von 3200 mm. Für den Kranarm wurden 1,7 t bei einer Hubhöhe von 4700 mm angegeben.

Durch die Nutzung eines Einachs-Anhängers konnten Zusatzgeräte wie ein Kranarm, eine Kippschaufel, eine Fassklammer, ein Tragedorn, eine Arbeitsbühne, ein Planierschild, Gabelverlängerungen oder ein Teleskopmast ständig mitgeführt werden.

... oder mit Gabelverlängerungen

Geländegängiges Mehrzweckgerät 2,5

Das geländegängige Mehrzweckgerät 2,5 (GMG 2,5), eine durch die NVA in Auftrag gegebene Entwicklung des *VEB EBAWE Eilenburg*, sollte Massen bis 2,5 t unter feldmäßigen Bedingungen umschlagen können. Gleichzeitig musste es als geländegängiges Fahrzeug im Bestand von Kfz-Kolonnen aus eigener Kraft bei Marschgeschwindigkeiten von 60 km/h mitfahren können. Eine wesentliche Forderung war die Möglichkeit, Lastanhänger von nur einer Seite aus komplett zu beladen.

Ein wassergekühlter 3-Zylinder Dieselmotor mit einer Leistung von 84 PS trieb über ein nachgeordnetes Pumpenverteilergetriebe zwei pneumatisch zuschaltbare Zahnradpumpen für die Hubeinrichtung und die Lenkzylinder an. Dieses Getriebe leitete im Fahrbetrieb das Drehmoment direkt an das mechanische 5-Gang-Wechselgetriebe weiter. Mit dem Wechselgetriebe war das pneumatisch sperrbare Verteilergetriebe verblockt, das die wahlweise Schaltung von Hinterachs- oder Allradantrieb ermöglichte. Die beiden blattgefederten und lenkbaren Starrachsen ähnelten denen des W-50 LA/A. Sie verfügten über pneumatisch betätigte Differenzialsperren.

Für die Funktion *Gabelstapler* kamen ein hydrostatischer Allradantrieb, eine Allradlenkung, eine hydraulische Blockierung der Vorderachsfederung und ein Einarmausleger mit einer maximalen Hubmastausladung von 2370 mm für die Staplerausrüstung zum Einsatz. Die Hubeinrichtung war mit einer elektronischen Lastmomentenmessung sowie einer Lastbegrenzung ausgestattet.

Das Arbeitsregime *Marschfahrt* wurde über das 5-Gang-Getriebe und den Allradantrieb des W-50 realisiert. Dabei waren die Blockierung der Vorderachsfederung und die Allradlenkung außer Kraft gesetzt.

Innerhalb von 24 Monaten wurde das GMG 2,5 zur Serienreife geführt. Technisch war das Gerät den derzeit eingesetzten Geräten in den Armeen des War-

Prototyp des Geländegängigen Mehrzweckgerätes 2,5 bei der Erprobung, beide Achsen waren lenkbar (oberes Bild) und das Serienfahrzeug in Arbeitslage (Bild ganz unten).

Die zivile Variante, das geländegängige Mehrzweckgerät 2,5 TS bei der Erprobung.

schauer Vertrages weit überlegen. Durch den Entwicklerbetrieb wurde auch die vereinfachte zivile Variante, das geländegängige Mehrzweckgerät 2,5 TS, konstruiert und gebaut, die aber nicht zum Einsatz kam.

Geländegängiges Mehrzweckgerät 2,5	
Einführungszeitraum	ab 1988
Gefechtsmasse (t)	8,8
Abmessung L/B/H (mm)	5440 x 2500 x 3000
Bodenfreiheit (mm)	310
Wendekreis (m)	10
Radstand (mm)	2600
Spurweite vorn (mm)	1870
Spurweite hinten (mm)	1870
Watfähigkeit (m)	800
Fahrbereich Str./Gel.(km)	600 / -
Höchstgeschwindigkeit (km/h)	60
Überschreitfähigkeit (mm)	600
Bezeichnung Motor	3VD14,5/12-2SRW
Typ Motor	4-Takt-Diesel / R3
Leistung (PS/kW)	88 / 65
Hubraum (l)	4,92
Radformel	4 x 4
Kraftstoffvorrat gesamt (l)	150
Kühlung	Wasser
Federung	Blattfederung

Universal-Gabelstapler DVHM-3222T

Zur Vergrößerung des Bestandes an Hebezeugen führte die DDR ab Anfang der 1970er Jahre Elektro- und Dieselstapler der verschiedensten Größenklassen aus den Warschauer Vertragsstaaten ein. Ein sehr beliebtes Fahrzeug war der Universal-Gabelstapler DVHM-3222T aus der CSSR. Bei einer Tragfähigkeit von 2,5 t und einer Hubhöhe von 3300 mm erfüllte der Gabelstapler, auch aufgrund seiner hohen Mobilität, alle Erfordernisse für den Einsatz in der NVA.
Nachdem der Stapler durch das Kfz-Instandbataillon-2 mit großvolumiger Niederdruckbereifung des mittleren LKW W-50 LA/A ausgerüstet wurde, konnte er auch zur feldmäßigen Instandsetzung eingesetzt werden. Zum Transport in Kfz-Kolonnen wurde der Transportanhänger HL-60.91 entwickelt und eingesetzt.

Universal-Gabelstapler DVHM-3222T	
Einführungszeitraum	ab 1974
Gefechtsmasse (t)	5,05
Tragfähigkeit (t)	2,5
Abmessung L/B/H (mm)	3230 x 2000 x 2630
Hubhöhe (mm)	3300
Feinhub (mm)	350
Spurweite vorn (mm)	1520
Spurweite hinten (mm)	1480
Watfähigkeit (m)	–
Höchstgeschwindigkeit (km/h)	29
Steigfähigkeit (%)	30
Bezeichnung Motor	6901.74
Typ Motor	4-Takt-Diesel / R4
Leistung (PS/kW)	65 / 48
Hubraum (l)	3,46
Radformel	4 x 2
Kraftstoffvorrat gesamt (l)	140
Kühlung	Wasser

Der Universal-Gabelstapler DVHM-3222T in der Gelände- und der Straßenvariante (unteres Bild).

Der Universal-Gabelstapler DVHM-3222T im Geländeeinsatz.

Der Transportanhänger HL-60.91 für den Universal-Gabelstapler DVHM-3222T.

Universallader T-157 und T-157/2

Ursprünglich als *Hydraulischer Schwenkkran T-157 mit Grab- und Schüttgutgreifer* bezeichnet, erfolgte die Einführung der ersten Version 1960 für Erd- und Schüttgutbewegung bei der Ausführung von Bauarbeiten im Bereich der LSK/LV. Aber auch Pionier- und Baueinheiten nutzten den vielseitig einsetzbaren Lader. Aufbauend auf dem Geräteträger RS-09, die Triebachse wurde übernommen, komplettierten eine modifizierte Vorderachse, ein Rahmen mit hydraulischer Abstützung, ein geschlossenes Fahrerhaus sowie ein Drehturm mit Knicklastarm und Arbeitsgerät den **Universallader T-157.**

Ab 1963 kam die Modifikation T-157/2 in die Einheiten der NVA. Der **Universallader T 157/2** bestand aus dem Fahrgestell, einem zweigliedrigen, gelenkigen, hydraulisch zu betätigten Ausleger, der durch einen Drehkranz mit dem Fahrgestell verbunden war, sowie

Universallader T-157/2	
Einführungszeitraum	ab 1963
Gefechtsmasse (t)	5,6
Abmessung L/B/H (mm)	5000 x 2000 x 2800
Bodenfreiheit (mm)	300
Wenderadius (m)	7
Radstand (mm)	2750
Spurweite vorn (mm)	1675
Spurweite hinten (mm)	1510
Tragkraft (t)	0,75
Schwenkbereich (Grad)	230
Höchstgeschwindigkeit (km/h)	18
Bezeichnung Motor	2KVD-9-SVL
Typ Motor	4-Takt-Diesel / V2
Leistung (PS/kW)	18 / 13
Hubraum (l)	1,145
Kraftstoffvorrat gesamt (l)	26
Kühlung	Lüfter

verschiedenen, gegeneinander austauschbaren Arbeitswerkzeugen. Der Fahrersitz, von dem aus sämtliche Bedienungseinrichtungen erreicht werden konnten, wurde von einer leichten Fahrerkabine geschützt. Die Standsicherheit des Universalladers während der Arbeit wurde durch Zwillingsreifen an den Hinterrädern vergrößert. Außerdem ließen sich zwei seitlich am Maschinenrahmen in Drehkranznähe angesetzte, hydraulisch betätigte Stützfüße gegen den Boden absenken. Als hydraulisch betätigte Arbeitswerkzeuge standen u.a. ein Zinkengreifer, der mit zusätzlichen Greifschalen zum Schalengreifer und mit zusätzlichen Greiferkörben zum Korbgreifer umgerüstet werden konnte, ein Grabe- und ein Grabengreifer sowie ein Rundholzgreifer zur Verfügung. Weiterhin gab es einen mittels Hydraulikmotor angetriebenen Erdlochbohrer mit verschiedenen, auswechselbaren Bohrschnecken, eine mechanische Masten- und Blockzange und einen Kranhaken. Mit Hilfe einer 1 m langen Greiferverlängerung konnte die Arbeitstiefe des Greifers vergrößert werden. Die Reichweite ab Mitte Drehkranz erreichte 4500 mm, die Hubhöhe 3500 mm und die Reichtiefe 1500 mm. Der Ausleger ließ sich um 115° jeweils nach rechts und links drehen, die Nutzlast lag bei maximal 750 kg.

Der Universallader T-157/2 bei den Pioniertruppen im Einsatz, typisch die Doppelbereifung der großen Hinterräder und die beiden seitlich abklappbaren Stützfüße für die Erhöhung der Standsicherheit.

Schlepper DFZ-632

Der Schlepper DFZ-632, ursprünglich für Ziegeleien entwickelt, wurde vor allem von Industriebetrieben, von der Deutschen Post, der Deutschen Reichsbahn und der Interflug genutzt. Diese einfache, aber robuste Zugmaschine wurde ebenfalls in den rückwärtigen Diensten der NVA zum Rangieren von jeglichen Anhängern verwendet.

1965 begann die Produktion im *VEB Kleinschlepperwerk Pomssen*. Die zulässige Anhängelast betrug 7 t bei einem Eigengewicht von nur 1,55 t. Um dieses Gewicht zu erreichen, waren 300 kg Belastungsgewichte aus Guss unterhalb des Fahrersitzes montiert. Die Schlepper wurden zum Teil mit einer Hubeinrichtung am Bug, mit einer Druckluftbremsanlage oder ohne Fahrerschutzdach ausgeliefert. In diesem Fall erhöhte sich die zulässige Anhängelast sogar bis auf 11 t.

Der 1,6 l V4-Viertakt-Wirbelkammerdieselmotor mit 27 PS vom Typ 4VD 8/8-2 SVL wurde im VEB Motorenwerk Cunewalde gefertigt. Die Ansaugluft wurde durch zwei Luftfilter gereinigt, die jeweils aus Zyklon und Nassluftfiltereinsatz bestanden. Die Produktion dieses, auch Pomssen-Schlepper genannten, Fahrzeuges wurde 1989 eingestellt.

Der Schlepper DFZ-632 mit pneumatischer Anhängerbremsanlage, zu erkennen am Druckluftkessel auf der rechten Seite über dem Hinterrad.

Schlepper DFZ-632	
Gefechtsmasse (t)	1,95
Abmessung L/B/H (mm)	2750 x 1110 x 2000
Bodenfreiheit (mm)	150
Wenderadius (m)	4,8
Radstand (mm)	1480
Spurweite vorn (mm)	850
Spurweite hinten (mm)	850
Fahrbereich Str./Gel.(km)	200 / -
Höchstgeschwindigkeit (km/h)	30
Steigfähigkeit (%)	15
Bezeichnung Motor	4VD8/8-2 SVL
Typ Motor	4-Takt-Diesel / R4
Leistung (PS/kW)	27 / 20
Hubraum (l)	1,6
Radformel#	4 x 2
Kraftstoffvorrat gesamt (l)	30
Kühlung	Lüfter

Traktor ZT-300 und ZT-303

1962 in Auftrag gegeben, konnte das *Traktorenwerk Schönebeck* zwei Jahre später den ersten **Traktor ZT-300** zur Erprobung vorstellen. Mit Beginn der Serienfertigung 1967 erfolgte seine Einführung auch in Bereichen der Grenztruppen der DDR, der Stadtkommandantur Berlin, in Einheiten der LSK/LV, der Volksmarine und der LaSK. Genutzt wurde der Traktor als Radschlepper zur Durchführung verschiedenster Arbeiten im Zusammenwirken mit Anhängern, landwirtschaftlichen Anbau- und Anhängegeräten. Dazu besaß der Traktor einen vorderen oder hinteren Zapfwellenantrieb.

Mit der Version **ZT-300C** konnte die Leistung auf 100 PS gesteigert werden. Statt des bisherigen Ölbad-Luftfilters kam ein Trockenluftfilter zum Einsatz, die Einspritzpumpe wurde verbessert.

Der **ZT-303**, eine Modifikation des ZT-300, war für den Einsatz in besonders schwerem Gelände konzipiert. Der Vorderachsantrieb konnte um 10 Prozent

Traktor ZT-300	
Einführungszeitraum	ab 1968
Gefechtsmasse (t)	7,25
Abmessung L/B/H (mm)	4890 x 2120 x 2620
Bodenfreiheit (mm)	460
Wenderadius (m)	10,1
Radstand (mm)	2800
Spurweite vorn (mm)	1500
Spurweite hinten (mm)	1650
Watfähigkeit (m)	–
Fahrbereich Str./Gel.(km)	125 / –
Höchstgeschwindigkeit (km/h)	30
Überschreitfähigkeit (mm)	440
Bezeichnung Motor	4VD 14,5/12-1SRW
Typ Motor	4-Takt-Diesel / R4
Leistung (PS/kW)	90 / 66
Hubraum (l)	6,56
Radformel#	4 x 2
Kraftstoffvorrat gesamt (l)	130
Kühlung	Wasser
Federung	Blattfederung

gesteigert werden, verbreiterte Bereifung kam zum Einsatz.
1982 erhielt die NVA das Mehrzweckgerät **ZT-300 C/G**, das mit einem Hubmast für Umschlagarbeiten bis 3300 mm ausgerüstet war.
Als Anbaugeräte kamen u.a. Anbau-Seitenschnee-schleudern und Vorbau-Seitenräumer zum Einsatz. Der Antrieb der Anbau-Seitenschneeschleuder erfolgte von der Zwischenachszapfwelle des Traktors aus über ein Stirnrad-Wendegetriebe. Dabei wurde der Schnee aufgenommen und wahlweise nach rechts oder links bis zu 12 m beiseite geworfen. Die Räumbreite betrug 1000 mm, die maximale Räumhöhe 1200 mm. Bei einer Arbeitsgeschwindigkeit bis 6 km/h erreichte die Räumleistung 500 t/h. Mit dem Vorbau-Seitenräumer konnten Spuren von bis zu 2600 mm bei einem Schwenkwinkel von 35° beräumt werden. Die maximale Schneehöhe konnte bis 200 mm betragen.

Der Traktor ZT-300 (oberes Bild) und der Traktor ZT-303 mit breiterer Vorderradbereifung.

Als Anbaugeräte fanden die Anbau-Seitenschneeschleuder (linkes Bild) und der Vorbau-Seitenräumer Verwendung.

Traktor ZT-320A und ZT-323A

Der **Traktor ZT-320A** löste ab 1985 den Vorgänger, den ZT-300, in den Einheiten und Einrichtungen der NVA und bei den Grenztruppen der DDR ab. Die Neuerungen beliefen sich auf die Hydraulikanlage und das Schaltgetriebe. Die Arbeitsbedingungen für den Fahrer konnten durch eine beheizte und belüftete Kabine erheblich verbessert werden. Das Leistungsvermögen des Traktors wurde gesteigert, der Kraftstoffverbrauch konnte gesenkt werden. Der **Traktor ZT-323A** war die Version für besonders schweres Gelände. Dazu erhielt dieses Fahrzeug verbreiterte Vorderreifen und eine größere Spurweite vorn und hinten.

Der Einsatz der Traktoren ZT-320A und ZT-323A erfolgte als Radschlepper, wie bei den Vorgängern, mit Anhängern und landwirtschaftlichen Geräten verschiedenster Art. Eine Variante war der Einsatz als Feuerlöschzug. Der ZT-323A kam als Zugmittel für einen 10.000 l fassenden Gülleanhänger mit Tragkraftspritze TS-8 und Strahlrohr zum Einsatz. Dieser Zug wurde vorrangig auf Truppenübungsplätzen eingesetzt. Die Bundeswehr übernahm die vorhandenen Radzugmittel und nutzte sie bis Mitte der 1990er Jahre.

Der Traktor ZT-323A mit verbreiterter Vorderradbereifung und der Traktor ZT-320A (unteres Bild).

Traktor ZT-323A	
Einführungszeitraum	ab 1985
Gefechtsmasse (t)	5,67
Abmessung L/B/H (mm)	4650 x 2230 x 2955
Bodenfreiheit (mm)	328
Wenderadius (m)	14,3
Radstand (mm)	2790
Spurweite vorn (mm)	1835
Spurweite hinten (mm)	1766
Watfähigkeit (m)	0,3
Fahrbereich Str./Gel.(km)	300 / –
Höchstgeschwindigkeit (km/h)	35
Steigfähigkeit (%)	65
Bezeichnung Motor	4VD 14,5/12-1SRW
Typ Motor	4-Takt-Diesel / R4
Leistung (PS/kW)	100 / 74
Hubraum (l)	6,56
Radformel#	4 x 2
Kraftstoffvorrat gesamt (l)	125
Kühlung	Wasser / Lüfter
Federung	Blattfederung

Der Einsatz des Radschleppers ZT-323A als Feuerlöschzug mit einem 10.000 l fassenden Gülleanhänger.

Spezialtechnik des Pionierwesens

Kettenschlepper KS-07/60 RÜBEZAHL und KS-30 URTRAK

Der **Kettenschlepper KS-07/60 RÜBEZAHL**, hergestellt ab 1952 im *VEB Brandenburger Traktorenwerk*, gehörte mit zur Erstausstattung der Pioniertruppen und der Einheiten des Militärtransportwesens. Er wurde vor allem mit Planiereinrichtung oder Wurzelrechen, aber auch als Zugmittel verwendet.
Der wassergekühlte 4-Zylinder-Viertakt-Dieselmotor 4F-175Be leistete 60 PS. Das Drehmoment wurde mit Hilfe eines Triebrades zum 4-Gang-Getriebe (mit einem Rückwärtsgang) und weiter auf das Kastenlaufwerk übertragen, das aus zwei hinten angeordneten Antriebsrädern, 10 Lauf- und zwei Stützrollen, zwei Leiträdern und den beiden 39-gliedrigen Ketten bestand. Zum Lenken kam eine Doppeldifferenzial-Lenkbremse zum Einsatz. Der 5200 kg schwere Kettenschlepper erreichte eine Geschwindigkeit von ca. 10 km/h. Nachteilig wirkten sich das starre Kastenlaufwerk und die Leistung des Motors bei Arbeiten im Gelände sowie die geringe Geschwindigkeit für den Einsatz bei den Pioniertruppen aus.
Der Kettenschlepper wurde u.a. ab 1958 im Nachrichten-Regiment der NVA eingesetzt. Es fand als Zugmittel im Felddauerlinien-Zug, eingegliedert im Leitungsbau-Bataillon, mit einem verstellbaren Langholzanhänger 5t zum Tranport von Telefonmasten Verwendung.
1968 wurden die letzten sieben Kettenschlepper KS-07/60 RÜBEZAHL an die Volkswirtschaft der DDR übergeben.
Auch die Weiterentwicklung des KS-07/60, der **Kettenschlepper KS-30 URTRAK**, ebenfalls im *VEB Traktorenwerk Brandenburg* gefertigt, wurde bei den Pioniereinheiten und den Grenztruppen der NVA genutzt.
Der Motor, das Getriebe und Kettenantriebsgehäuse waren starr miteinander verbunden und bildeten den Rumpf des Kettenschleppers. Der 4-Zylinder-Viertakt-Dieselmotor 4F-175D2 wurde mit einem verbesserten Luftfilter ausgerüstet, die Leistung konnte auf 63 PS gesteigert werden. Das Getriebe hatte 4 Vorwärts- und einen Rückwärtsgang. Die Höchstgeschwindigkeit lag

Der Kettenschlepper KS-07/60 RÜBEZAHL (Werksfoto) und der Kettenschlepper KS-30 URTRAK mit Scheibenegge (rechtes Bild), eingesetzt bei den Grenztruppen.

bei ca. 10 km/h. Das verbesserte Stützrollen-Laufwerk wurde als Pendelrollen-Laufwerk mit jeweils zwei Pendelblöcken (je zwei Laufrollen) und einer Stützrolle pro Fahrzeugseite ausgeführt. Die zusätzliche Drehstabfederung ermöglichte es dem Fahrwerk, sich besser den vorherrschenden Bodenbedingungen anzupassen. Somit konnte der Bodendruck reduziert und die Zugkraft durch den Einsatz einer verbesserten Kette erheblich gesteigert werden. Für die Lenkung wurden Bandbremsen eingesetzt, durch eine Feststellbremse wurde der Kettenschlepper ausreichend gegen unbeabsichtigtes Abrollen gesichert. Die Ausmaße des Kettenschleppers (L x B x H) betrugen 3985 x 1610 x 2280 mm bei einer Masse von 2500 kg. Die Bodenfreiheit lag bei 280 mm, die Kettenbreite bei 360 mm und die Spurbreite bei 1250 mm. Die für den Einsatz als Zugmittel notwendige Zugkraft erreichte 4250 kp. Für den Transport des Kettenschleppers auf längeren Strecken war grundsätzlich ein Tieflader mit Zugmittel erforderlich.

1968 verfügte die NVA über 14 Kettenschlepper KS-30 URTRAK, die bis 1970 an die Volkswirtschaft der DDR abgegeben wurden.

Kettentraktor KT-50

Die Pioniereinheiten und die Einheiten des Militärtransportwesens nutzten ab 1960 den Kettentraktor KT-50 in Kombination mit dem Planierschild KT-50PL als Planierraupe KT-50 zu Erdarbeiten, zum Stellungsbau, zum Bau von Unterständen und Anlegen von Gruben und Deckungen. Gleichzeitig war das Schaffen von Gassen in verseuchten Geländeabschnitten möglich. Der Kettentraktor KT-50 war eine Modifikation des Kettenschleppers KS-30 mit verändertem Stützrollen-Laufwerk. Die fünf Laufrollen, die Stützrolle, das Leitrad mit der Kettenspanneinrichtung und das Antriebsrad wurden in einem pendelnd aufgehängten Laufrollenkasten zusammengefasst. Der 4-Zylinder-Viertakt-Dieselmotor 4F-175D5 mit einer Leistung von 63 PS diente dem Antrieb. Die beiden, im Kettentraktor eingebauten, 12-V Batterien wurden zum Anlassen des Motors mit Hilfe eines Schalters in Reihe geschaltet, sodass für den Anlasser 24 V bereitstanden. Das Wechselgetriebe mit drei Vorwärts- und einem Rückwärtsgang ermöglichte eine Höchstgeschwindigkeit von 6,6 km/h. Die Hydraulikanlage nutzte zwei Steuerkreise zum Bedienen des Planierschildes und zum Bedienen der Anbaugeräte. Das Planierschild hatte eine Breite/Höhe von 2600/800 mm, die Hubhöhe über/unter Planum betrug 850/250 mm. Dabei konnte die Planierraupe KT-50 mit Geradeausschub, aber auch mit einem um 25° geschwenktem Planierschild, seitwärts räumen. Die Schrägstellung des Planierschildes wurde durch den Fahrer während der Arbeit hydraulisch gesteuert. Für den Kettentraktor KT-50 gab es neben dem Planierschild KT-50PL, eine Ladeschaufel mit Überkopflader KT-50Ü und eine Wurzelrodeeinrichtung.

Ab 1961 wurde der Kettentraktor KT-50 mit der Überkopfladeeinrichtung KT-50Ü zum Beladen von Fahrzeugen mit Schüttgut eingesetzt.

Im Bestandsnachweis des Kfz-Dienstes von 1964 wurde ein IST-Bestand von 78 Kettentraktoren KT-50 ausgewiesen.

Kettentraktor KT-50	
Einführungszeitraum	ab 1960
Gefechtsmasse (t)	7,8
Bedienung	1
Abmessung L/B/H (mm)	4300 x 2500 x 2280
Breite Planierschild	2600
Spurbreite (mm)	1245
Höchstgeschwindigkeit (km/h)	6,6
Bodenfreiheit (mm)	280
Wenderadius (m)	3,4
Zugkraft (t)	4,7
Bezeichnung Motor	4F-175/D5
Typ Motor	4-Takt-Diesel / R4
Leistung (PS/kW)	63 / 46
Hubraum (l)	8,59
Kraftstoffvorrat gesamt (l)	75
Kühlung	Wasser
Federung	Drehstab

Bild links: Die Planierraupe KT-50 unterstützte die Einheiten des Militärtransportwesens beim Anlegen von Gleisanlagen, im Hintergrund ein Traktor-Portalgleisverleger PB-3.

Der Kettentraktor KT-50 mit Planierschild KT-50PL, das Planierschild wurde hydraulisch gehoben und gesenkt (linkes Bild) und mit Überkopfladeeinrichtung KT-50Ü in Arbeitsstellung.

Planierraupe S-651

Die aus Rumänien stammende Planierraupe S-651 wurde vereinzelt in den Pioniereinheiten der NVA zum Anlegen und Unterhalten von Marschstraßen eingesetzt.

Der Rahmen der Planierraupe S-651 wurde durch zwei längs angeordnete U-Profile gebildet, die mit dem Kupplungs- und Getriebegehäuse verschraubt waren und vor allem der Motorlagerung dienten. Die im vorderen Teil der Planierraupe angeordnete Querblattfeder mit gegossener Schwinge diente der Federung des Fahrwerks. In einem Laufwerksrahmen waren jeweils das Antriebsrad, das Leitrad, zwei Stützrollen und fünf Laufrollen angeordnet. Als Antrieb fand der 65 PS leistende Viertakt-Dieselmotor D-104 mit Direkteinspritzung Verwendung. Die Schmierung des wassergekühlten Motors erfolgte durch eine kombinierte Druckumlauf-Tauchschmierung. Ein Luftfilter mit Zentrifugalreinigung und Staubabscheidung hielt durch einen Öl- und Drahtsieb-Nassfiltereinsatz Verunreinigungen vom Verbrennungsraum fern. Die Motorkupplung war als Einscheibenkupplung ausgebildet, das Drehmoment wurde mit Hilfe einer elastischen Bolzenkupplung vom Motor an das mechanisch zu schaltende Wende- und Schaltgetriebe übertragen. Die mechanisch zu betätigenden Lenkkupplungen waren mit Bandbremsen ausgerüstet. Der Antrieb des Kettenrades erfolgte über ein Stirnradgetriebe. Die Hydraulikanlage diente dem Heben, Halten und Senken des Planierschildes und der beiden Bodenaufreißer am Heck. Der Arbeitsdruck der Hydraulikanlage wurde von einer Zahnradpumpe erzeugt, die direkt vom Motor angetrieben wurde. Der Bodenaufreißer konnte 280 mm gesenkt, dass Planierschild 750 mm gehoben oder 330 mm gesenkt werden. Die Ausmaße der Planierraupe im Arbeitsstellung (L x B x H) betrugen 4640 x 3000 x 2500 mm. Die Bodenfreiheit lag bei 300 mm.

Die Planierraupe S-651 im Arbeitsstellung, die Heckaufreißer fehlten (rechtes Bild).

Grabenbagger TMK-2

(Траншейная машина ТМК-2 = Grabenfräse TMK-2)

Ab 1986 erhielt die NVA den sowjetischen Grabenbagger TMK-2, basierend auf dem Zweiachsschlepper MAZ-538. Seine Aufgaben bestanden im Ausheben von geraden und geschwungenen Schützen- und Verbindungsgräben, im Planieren von Flächen und im Zuschütten von Gruben, Trichtern und ähnlichem. Das Hauptarbeitsorgan, die Baggereinrichtung, wurde hydraulisch gehoben und gesenkt. Es bestand hauptsächlich aus dem Baggerrad, der Hubeinrichtung und der Kraftübertragung. Ein Profilschneider schrägte die Grabenwände ab. Als Planiereinrichtung kam ein gerades Planierschild mit Stützkufe zum Einsatz. Es wurde hydraulisch betätigt und erreichte eine Schürftiefe von maximal 400 mm.

Das geschlossene, beheizbare Ganzmetall-Fahrerhaus verfügte über zwei Sitze. Mit Hilfe einer Filterventilationsanlage wurde bei Arbeiten im radioaktiv verstrahlten Gebiet die angesaugte Luft im Fahrerhaus gereinigt und ein Überdruck erzeugt. Ein Kernstrahlungswarn- und messgerät zeigte die radioaktive Umgebungsluft an. Das Drehmoment des Motors wurde mit Hilfe von einem Zwischengetriebe, der hydro-mechanischen Kraftübertragung (anstelle einer Kupplung), dem Wechselgetriebe mit Zusatzgetriebe, den Achsantrieben der Vorder- und Hinterachsen und den Radantrieben an die Antriebsräder übertragen. Das Fahrzeug wurde ausschließlich über die breiten, großvolumigen Reifen abgefedert. Das am Wechselgetriebe angeflanschte Zusatzgetriebe übertrug das Drehmoment auf das Baggerwerk und die beiden Schleuderwerke. Das Baggerwerk diente dem Lösen, Fördern und Auswerfen des Erdreiches, die Schleuderwerke schütteten das durch das Baggerrad geförderte Erdreich beider-

Grabenbagger TMK-2	
Einführungszeitraum	ab 1986
Gefechtsmasse (t)	27,2
Abmessung Marschlage L/B/H (mm)	9750 x 3150 x 4180
Abmessung Arbeitslage L/B/H (mm)	12.370 x 3150 x 3275
Spurweite (mm)	2520
Basisfahrzeug	KSKT-538 DK
Radformel	4 x 4
Watfähigkeit (m)	1,2
Wendekreisdurchmesser (m)	30
Höchstgeschwindigkeit (km/h)	45
Bodenfreiheit (mm)	505
Zugkraft (t)	12
Bezeichnung Motor	D12A-375A
Typ Motor	4-Takt-Diesel / V12
Leistung (PS/kW)	375 / 276
Hubraum (l)	38,88
Kraftstoffvorrat gesamt (l)	840
Kühlung	Wasser / Lüfter

seits auf den Grabenrand. Dabei wurden Gräben mit einer Tiefe von 600 bis 1500 mm ausgehoben deren Breite an der Grabensole 600 mm, am Grabenrand 750 bis 1100 mm betragen konnte. In gefrorenen Böden musste auf ein Abschrägen der Grabenseiten verzichtet werden. Bis 1989 waren in der NVA 16 Grabenbagger TMK-2 im Einsatz, die letzten vier Fahrzeuge wurden 1990 dem Pionierregiment-12 zugeführt.

Der Grabenbagger TMK-2 in Marschlage.

Mobilbagger E-302

Der Mobilbagger E-302 wurde trotz seiner eingeschränkten Beweglichkeit ab 1964 in den Pioniereinheiten der Grenztruppen, der Volksmarine und der LSK/LV zum Ausheben von Deckungen und Stellungen sowie für andere Arbeiten im Stellungsbau eingesetzt. Dies war notwendig, da die Sowjetunion die für 1962 zugesagten Lieferungen der Autobagger E-305 auf Spezial-Kfz KrAZ-214 aufgrund der fehlenden Basisfahrzeuge nicht erfüllen konnte. Beide Bagger, der Mobilbagger E-302 und der Autobagger E-305, nutzten die gleichen Baggereinrichtungen und erbrachten die gleichen Leistungen. Deshalb nahm die NVA die Lieferung des Mobilbaggers E-302 dankend an, da dieser bedeutend billiger war. Für die NVA wurden 22 Mobilbagger E-302 eingeplant. Die Lieferung der ersten acht Mobilbagger erfolgte 1968.

Der um 360° schwenkbare Mobilbagger E-302 verfügte über ein luftbereiftes Fahrwerk, er wurde mit einem Hoch- oder einem Tieflöffel in den Bodenklassen

Der Mobilbagger E-302.

I bis IV eingesetzt. Kleine Strecken konnte der Mobilbagger selbständig mit einer Geschwindigkeit von 13 km/h bewältigen, für längere Stecken wurde er wie ein Anhänger von einem Zugmittel mit maximal 25 km/h gezogen. Es bestand die Möglichkeit, den Bagger gegen einen 5t Kran auszutauschen, der eine maximale Hubhöhe von 19.000 mm erreichte. Das Fassungsvermögen beider Baggerkübel lag bei 0,35 m^3. Zur Bedienung wurden 2 Mann benötigt. Die maximale Arbeitshöhe/Entladehöhe erreichte beim Einsatz des Hochlöffels 6200/4300 mm, die maximale Arbeitstiefe beim Einsatz mit Tieflöffel lag bei 4000 m. Die Höhe/Breite in Transportlage betrug 3130/2640 mm bei einer Gesamtmasse von 11.290 kg.

Universalpioniermaschine DOK und DOK-M

(dozer otočný kolový DOK = Raddozer DOK)

Die Universalpioniermaschine DOK, anfänglich wurde im Bestandsnachweis des Pionierwesens die Bezeichnung *Universalpioniermaschine USZAS* verwendet, war ein Radplanierer, der mit Universalschaufel (**DOK-L**) wie ein Schwenkschaufellader oder mit Pfeilräumschild (**DOK-R**) wie ein Raddozer eingesetzt werden konnte. Mit einer an der Maschine mitgeführten Zusatzausrüstung konnten Metallschneidearbeiten ausgeführt werden. Die Universalpioniermaschine DOK wurde zum Anlegen und Unterhalten von Straßen und Wegen, zum Beseitigen von Hindernissen, zum Ausheben von Gruben, Gräben, Stellungen und Deckungen sowie zum Verladen von Schüttgut eingesetzt. Dank einer Seilwinde mit 18 t Zugkraft und 98 m Länge war das Bergen von Technik möglich.

Ab 1969 wurde das Zweiachs-Gliederfahrzeug mit Knicklenkung und diesel-elektrischem Antrieb in den Stellungsbaueinheiten der Pioniertruppen eingesetzt. Es bestand hauptsächlich aus dem Rahmenvorder- und dem Rahmenhinterteil, die durch ein Spezialgelenk miteinander verbunden waren, das einen Lenkeinschlag von +/-80° ermöglichte. Auf dem Rahmenhinterteil waren u.a. der Motor und der Generator angeordnet, das Rahmenvorderteil nahm das Arbeitsorgan, die Winde und das Fahrerhaus auf. Das vom Motor erzeugte Drehmoment wurde auf den Generator übertragen, der den notwendigen Gleichstrom von 350 V, u.a. für den Antrieb der Fahrmotoren, erzeugte. Er kam auch als Schweißgenerator für elektrische Schneidarbeiten zum Einsatz. Jede der beiden Achsen verfügte über einen Fahrmotor, ein Planetenlenkgetriebe und eine Druckluftbremse. In den Fahrmotoren wurde die elektrische Energie in mechanische umgewandelt, das Planetenlenkgetriebe erhöhte das vom Fahrmotor abgegebene Drehmoment. Die ungefederten Achsen waren mit großvolumigen Niederdruckreifen ausgerüstet. Die Universalschaufel konnte bis 2,6 m^3 Erdreich fassen und auf eine maximale Ladehöhe von 3340 mm heben. Die Breite des Räumschildes erreichte 4825 mm. Das in Ganzmetallbauweise gefertigte Fahrerhaus war wärme- und schallisoliert sowie hermetisch verschließbar. Mit der Filterventilationsanlage konnte im Fahrerhaus ein Überdruck geschaffen werden, sodass die Universalpioniermaschine DOK auch in radioaktiv verseuchtem Gelände eingesetzt werden konnte.

Ab 1973 erhielt die NVA die modernisierte Version, die

Universalpioniermaschine DOK-M	
Einführungszeitraum	ab 1973
Gefechtsmasse (t)	27,5
Abmessung L/B/H (mm)	10.530 x 3150 x 3150
Schütthöhe max. (mm)	3390
Spurweite (mm)	2450
Wenderadius (mm)	5200
Radstand (mm)	5000
Höchstgeschwindigkeit (km/h)	30
Bodenfreiheit (mm)	450
Zugkraft Seilwinde (t)	18
Bezeichnung Motor	TATRA 930/42
Typ Motor	4-Takt-Diesel / V12
Aufladung	2 Turbolader
Leistung (PS/kW)	255 / 188
Hubraum (l)	17,628
Kraftstoffvorrat gesamt (l)	300
Kühlung	Lüfter

Universalpioniermaschine DOK-M (nur mit Universalschaufel). Die Unterschiede zwischen beiden Versionen waren an Veränderungen einzelner Systeme zu erkennen. An der Anordnung der beiden Hauptscheinwerfer ließen sich beide Varianten unterscheiden. Im Rahmen der Hauptinstandsetzung wurde die Anordnung der Hauptscheinwerfer entsprechend der Version DOK-M vereinheitlicht. Die Arbeitsleistung beider Fahrzeugvarianten betrug zwischen 70 bis 100 m^3/h.

Die NVA verfügte über 61 Universalpioniermaschinen DOK-M, von denen die ersten zwölf Maschinen 1990 an die Volkswirtschaft übergeben werden sollten.

Die Universalpioniermaschine DOK-L mit den beiden Scheinwerfern am Fahrerhaus (linkes Bild), die DOK-M, die Scheinwerfer befanden sich auf der Ladeeinrichtung rechts und links vom Fahrerhaus.

Straßenbaumaschine PKT

(ПКТ – Путепрокладчик колесный тягач = PKT – Straßenfertiger auf Rädern)

Die Straßenbaumaschine PKT löste teilweise die in den Pioniereinheiten zum Straßenbau eingesetzte Planierraupe BAT ab 1970 ab. Sie diente u.a. dem Bau von Straßen und Kolonnenwegen, dem Anlegen von Zufahrten zu Straßen und Übersetzstellen, dem Verfüllen von Trichtern und dem Schneeschieben. Weiterhin kam sie zum Schaffen von Gassen in verseuchten Geländeabschnitten, in Buschwerk und Jungwald sowie zur Beseitigung von Baumsperren zum Einsatz.

Als Basis der Straßenbaumaschine PKT fand der im *Minsker Automobilwerk* entwickelte und ab 1964 in Serie gefertigte schwere Radtraktor MAZ-538 Verwendung. Als Arbeitsgerät kam ein Planierschild mit zwei angesetzten Seitenwangen zum Einsatz, das in Planierstellung (gerade), in Hobelstellung (schräg) oder in Pflugstellung genutzt wurde. Mit einer Stützkufe wurde die Absenktiefe (bis 400 mm) des Arbeitsgerätes unter die Standfläche eingestellt. Das Fahrzeug verfügte über eine Hydraulikanlage mit einem Arbeitsdruck von bis zu 100 kp/cm^2, erzeugt von zwei Zahn-

Straßenbaumaschine PKT	
Einführungszeitraum	ab 1970
Gefechtsmasse (t)	19,4
Besatzung	2
Abmessung L/B/H (mm)	8150 x 3120 x 3180
Basisfahrzeug	MAZ-538
Spurweite vorn / hinten (mm)	2520
Radstand (mm)	3000
Bodenfreiheit (mm)	480
Wenderadius (mm)	11.500
Höchstgeschwindigkeit (km/h)	45
Bezeichnung Motor	D-12A-375A
Typ Motor	12 Zylinder-V-Diesel
Leistung (PS/kW)	375/276
Hubraum (l)	38,8
Kraftstoffvorrat gesamt (l)	420
Kühlung	Wasser

radpumpen, mit deren Hilfe der Fahrer während der Fahrt die verschiedenen Positionen des Arbeitsgerätes einstellte. Die Kraftübertragung war so konstruiert, dass die Straßenbaumaschine PKT vorwärts und rückwärts mit gleicher Drehzahl und gleichem Drehmoment arbeiten konnte. Dazu befanden sich im Fahrerhaus zwei, um 180° gedreht, eingebaute Arbeitsplätze, die der Fahrer entsprechend der Fahrrichtung wechselte. Die ungefederten Achsen waren im Basisfahrzeug aufgehängt, die Federung übernahmen die scheibenlosen, großvolumigen Räder. Das hermetisch abgeschlossene Fahrerhaus und die leistungsfähige Filterventilationsanlage gestatteten den Einsatz in radioaktiv verseuchtem Gebiet. Die Bedienungselemente der Straßenbaumaschine PKT waren so gestaltet, dass eine sichere Bedienung auch mit angelegter Schutzausrüstung möglich war.

Die Straßenbaumaschine PKT war ein Beispiel dafür, dass in der Sowjetunion ein Weggang vom Kettenfahrzeug hin zum Radfahrzeug, beginnend Mitte der 1960er Jahre in vielen Bereichen des militärischen Fahrzeugbaus, stattfand.

Da die Basis des schweren Radtraktors MAZ-538 zu kurz für den Einsatz schwerer Pionierausrüstung war, blieb es beim Einsatz mit der Planierausrüstung. In den Planungsunterlagen für die Entwicklung der NVA im Zeitraum 1976 bis 1980 wurden die *Straßenbaumaschinen PKT aufgrund ihrer ungenügenden Leistungsparameter als Strukturtechnik gestrichen und an deren Stelle die Universalpioniermaschine DOK aufgenommen.*

Heckansicht der Straßenbaumaschine PKT (oberes Bild), Frontansicht mit Planierschild, die Stützkufe wurde in Marschlage nach hinten geklappt.

Radlader SL-34

Der aus der VR Polen ab 1981 den Pioniereinheiten zugeführte Radlader SL-34 löste die Pioniermaschinen DOK, die Planierraupen BAT und die Kettentraktoren T-100M mit der Planiereinrichtung D-492 sukzessiv ab. Der Radlader SL-34 war ein zweiachsiger Frontschaufellader mit Knicklenkung. Rahmenvorderteil mit Arbeitseinrichtung und Rahmenhinterteil, beide gelenkig miteinander verbunden, bildeten die Hauptteile des Laders. Die ungefederten Achsen waren mit großvolumigen Niederdruckreifen ausgestattet. Die pendelnde Hinterachse gewährleistete den sicheren Kraftschluss aller vier Räder mit dem Boden. Zwischen Rahmenvorder- und -hinterteil befanden sich zwei Zylinder der Lenkhydraulik. Gelenkt wurde, indem die Rahmenteile mit Hilfe der Hydraulikzylinder gegeneinander verdreht wurden. Der innere Wendekreis betrug weniger als 3 m, was ihn auf kleinstem Raum sehr manövrierfähig machte. Der Radlader besaß eine Ladeschaufel mit einem Volumen von 2,6 m³. Der Ausleger mit angeflanschtem Arbeitsorgan wurde mit Hubzylindern angehoben bzw. gesenkt, er konnte auch in Schwimmstellung gehalten werden. Gekippt wurde die Ladeschaufel durch Kippzylinder. Die Seilwinde wurde von einem Hydraulikmotor angetrieben und diente der Selbstbergung. Sie besaß ein 65 m langes Seil und brachte eine Zugkraft von bis zu 10 t auf. Außerdem konnte festgefahrene Technik herausgezogen oder Trümmerreste eingerissen werden. Der für das Betreiben des Arbeitsorgans, der Winde und der Lenkung erforderliche Druckstrom wurde von drei Hydraulik-Zahnradpumpen erzeugt. Zwei dieser Pumpen speisten die Systeme des Arbeitsorgans und der Lenkung. Die Hauptpumpe wurde vom Motor direkt angetrieben. Die Arbeitsbewegungen der Schaufel und des Auslegers

Radlader SL-34	
Einführungszeitraum	ab 1981
Gefechtsmasse (t)	19,2
Besatzung	2
Abmessung Marschlage L/B/H (mm)	8445 x 2680 x 3400
Abmessung Arbeitslage L/B/H (mm)	8450 x 3000 x 3400
Aufschütthöhe (mm)	3100
Spurweite (mm)	2180
Radstand (mm)	3150
Bodenfreiheit (mm)	390
Watfähigkeit (m)	1
Wendekreisdurchmesser außen (m)	6.35
Höchstgeschwindigkeit (km/h)	37
Volumen der Ladeschaufel (m³)	3
Zugkraft (t)	13
Bezeichnung Motor	SW-680/59/7
Typ Motor	4-Takt-Diesel / R6
Leistung (PS/kW)	216 / 160
Hubraum (l)	11,1
Kraftstoffvorrat gesamt (l)	480
Kühlung	Wasser

Der Radlader SL-34.

wurden von der Kabine aus gesteuert. Das Antriebssystem bestand aus dem Motor mit Turbolader, dem Drehmomentenwandler, den vier Gelenkwellen und dem kombinierten Schalt- und Verteilergetriebe mit vier Vorwärts- und vier Rückwärtsgängen. Mit Hilfe der Wechselgetriebe für die Vorder- und Hinterachse gelangte das Drehmoment zu den Rädern. Für das Fahrerhaus befand sich eine Fahrerhauslüftung und -heizung sowie eine Filterventilationsanlage in der Ausrüstung, was Arbeiten in kontaminierten Geländeabschnitten zuließ.
Der Einsatz des Radladers erfolgte vorrangig zum Ausheben von Stellungen, Deckungen und Gruben, für Planierarbeiten, zum Anlegen von Kolonnenwegen, zum Instandhalten von Marschstraßen sowie zum Schaffen von An- und Abfahrten an Übersetzstellen.
Die Planungen sahen den Import von insgesamt 291 Radladern SL-34 vor. Von 1981 bis 1990 erhielten die Pioniertruppen 177 Fahrzeuge, für den Zeitraum 1991 bis 1995 sollten weitere 75 Radlader SL-34 folgen.
Die USA erhielt von der Bundesrepublik Deutschland über 100 Radlader SL-34 für den Einsatz im ersten Golfkrieg. Auch heute kann man den Lader noch in Einheiten des THW, eingesetzt in den Bergungsgruppen, antreffen.

Autograder AG-120

Der Autograder AG-120 mit zwei angetriebenen Achsen kam vorwiegend zum Straßen- und Wegebau in den Pionier- und Straßenbaueinheiten zum Einsatz. Dabei wurde er vor allem zu Erdarbeiten, wie Verteilen von Erdmassen, Schotter und Splitt, zum Ziehen von Straßen- und Entwässerungsgräben und zum Zuschütten von Granattrichtern genutzt. Das Aufreißen von Straßen und gefrorenem Boden sowie das Schneeräumen rundeten das Arbeitsgebiet ab. Die Lenkung des Autograders erfolgte mechanisch-hydraulisch kombiniert. Das dreh- und schwenkbare Hauptarbeitsgerät war ein, zwischen den beiden Achsen und unter dem Rahmen angebrachtes, Planierschild von 3,8 m Länge. Weiterhin kamen ein Satz Aufreißer hinter der Vorderachse und ein Planierschild an der Stirnseite des Fahrzeuges zum Einsatz. Sämtliche Bewegungen der einzelnen Arbeitsgeräte wurden hydraulisch gesteuert. Die Konstruktion des Wechselgetriebes ermöglichte das Fahren mit sechs verschiedenen Geschwindigkeiten vor- und rückwärts. Allradantrieb und Allradlenkung gewährten gute Fahr- und Manövriereigenschaften auch in schwierigem Gelände. Die hydraulische Steuerung der Arbeitsorgane, die mechanisch-hydraulische Lenkung, das Servo-Bremssystem und das Ganzstahl-Fahrerhaus mit sehr guten Sichtverhältnissen garantierten einen hohen Arbeitskomfort.

Heckansicht des Autograders AG-120.

Autograder AG-120	
Einführungszeitraum	ab 1961
Gefechtsmasse (t)	13,8
Abmessung L/B/H (mm)	9200 x 2600 x 3300
Spurweite (mm)	2120
Werksbezeichnung	AG-120
Achsabstand (mm)	5720
Höchstgeschwindigkeit (km/h)	40
Bodenfreiheit (mm)	370
Bezeichnung Motor	6KVD 14,5 SRL
Typ Motor	4-Takt-Diesel / R6
Leistung (PS/kW)	120 / -
Hubraum (l)	9,84
Kraftstoffvorrat gesamt (l)	105
Kühlung	Lüfter
Federung	ungefedert

Frontansicht des Autograders AG-120.

Motorgrader SHM 4-120

Der *VEB Industriewerk Halle-Nord* begann 1967 mit der Fertigung des Motorgrader SHM 4-120.

Der Motorgrader SHM 4-120 konnte zu vielseitigen Arbeiten im Erdbau sowie im Straßen- und Wegebau, aber auch in der Straßenunterhaltung und im Eisenbahnbau eingesetzt werden. Seine Einsatzmöglichkeiten reichten vom Ziehen von Gräben, dem Herstellen von Planum (Das Planum ist die eingeebnete Fläche für den Unter- oder Oberbau einer Straße.), dem Verteilen von Baumaterialien, dem Anschneiden von Böschungen, dem Aufreißen von Straßen und Frostboden, dem Zuschütten von Trichtern und Gräben bis zum Schneeraumen.

Die mit Tandemantrieb versehene und als Geräteträger ausgebildete Erd- und Straßenbaumaschine war mit einer um 360° drehbaren Schar ausgerüstet, welche vorwiegend für Planier- und Schubarbeiten eingesetzt wurde. Der Motorgrader war serienmäßig mit Aufreißern und mit einem Planierschild ausgerüstet. Weiterhin bestand die Möglichkeit, einen Vorbauschneepflug anzubauen, wodurch die Vielseitigkeit des Gerätes erhöht wurde. Die Betätigung der gesamten Arbeitsausrüstung erfolgte mechanisch-hydraulisch. Der Antrieb erfolgte durch die hinten angeordneten Tandemachsen, die Vorderachse war gelenkt. Die hydrostatische Servo-

Motorgrader SHM 4-120	
Einführungszeitraum	ab 1968
Gefechtsmasse (t)	10,2
Abmessung L/B/H (mm)	7750 x 2450 x 3430
Spurweite (mm)	2034
Radstand (mm)	5650
Bodenfreiheit(mm)	435
Höchstgeschwindigkeit (km/h)	50
Bezeichnung Motor	4VD 14,5/12-1 SRW
Typ Motor	4-Takt-Diesel / R4
Leistung (PS/kW)	110 / 81
Hubraum (l)	6,56
Kraftstoffvorrat gesamt (l)	220
Kühlung	Wasser

Der Motorgrader SHM 4-120.

lenkung, die pneumatisch-hydraulisch kombinierte Zweikreisbremsanlage sowie das moderne und mit guten Sichtverhältnissen ausgestattete Fahrerhaus gewährleisteten einen hohen Arbeitskomfort.
1990 verfügte die NVA über 14 Motorgrader SHM 4-120.

Mittlerer Schwimmwagen BAW

(БАВ 485 – Большой Автомобиль Водоплавающий 485 = BAW 485 – großes schwimmfähiges Fahrzeug 485)

Eines der ersten selbstfahrenden Übersetzmittel der Pioniertruppen der NVA war der sowjetische Schwimmwagen BAW, der auch unter der Bezeichnung BAW-485 oder ZIL-485 geführt wurde.
Im Rahmen des *Lend-Lease-Vertrages* erhielt die Sowjetunion von den USA während des II. Weltkrieges das Amphibienfahrzeug GMC DUKE-353. Überzeugt von der gelungenen Konstruktion begann ab 1948 das *Dnepopetrowsker Automobilwerk –DAS (Днепропетровский Автомобилний Завод – ДАЗ)* eine überarbeitete Version des amerikanischen Vorbilds zu fertigen. Wesentliche Verbesserungen waren der Einbau eines 110 PS Motors und die Verwendung einer Reifendruck-Regelanlage. 1950 konnten die ersten beiden Prototypen fertiggestellt und die Tests begonnen werden. Die Objektnummer des Fahrzeuges war die 485. 1953 erfolgte die Einführung des BAW-485, der auch als DAS-485 bezeichnet wurde, in die Streitkräfte des UdSSR. Ab 1956 erfolgte die Produktion im *Werk mit dem Namen Lichatschow – ZIL (Завод имени Лихачева – ЗИЛ)*, das Fahrzeug wurde fortan als ZIL-485 geführt.

Beim Schwimmwagen BAW handelte es sich um ein allradgetriebenes, geländegängiges Dreiachsfahrzeug mit einer bootsförmigen Karosserie. Bei der Konstruktion und bei der Produktion des BAW wurde u.a. auf Baugruppen der geländegängigen LKW GAZ-63 und ZIS-151 zurückgegriffen.
Der Aufbau war oben offen und in drei Bereiche unterteilt. Im vorderen Teil befand sich der Motor und die Auslässe für die Kühlluft. Im mittleren Teil war das Fahrerhaus mit den Bedienelementen und den Plätzen für Fahrer und Kommandant angeordnet. Das mit einer Kabinenheizung vom leichten LKW GAZ-63 ausgestattete Fahrerhaus verfügte über ein abklappbares Verdeck und eine abklappbare Windschutzscheibe. Im hinteren Teil des Schwimmwagens befand sich die 10,2 m^2 große Ladefläche für maximal 2500 kg Last. Um das Be- und Entladen zu erleichtern, konnte die Heckklappe abgeklappt werden. Eine Seilwinde, unter der Ladefläche platziert, gab das 60 m lange Seil in Richtung Heck aus und erzeugte eine Zugkraft von 4500 kg. Sie konnte ebenfalls zum Be- und Entladen genutzt werden. Die Bodenverkleidung der Ladefläche konnte angehoben werden, sie gab das Reserverad und eine Staukiste, die beiden Kraftstofftanks sowie die Zugänge zu den Lenzpumpen und zum Schiffsschrauben-

antrieb frei. Der Motor SIS-123 wurde vom Schützenpanzerwagen-152 übernommen, die Kraftübertragung stammte weitestgehend vom mittleren LKW ZIS-151. Das Drehmoment des Motors wurde über eine Zweischeiben-Trockenkupplung an das Wechselgetriebe, mit fünf nicht synchronisierten Vorwärtsgängen, und über ein Verteilergetriebe an die drei Achsen übertragen. Den Antrieb im Wasser realisierte eine dreiflügelige Schiffsschraube, die Steuerung übernahm ein Ruder, das im Strahl der Schiffsschraube lag. Die Schiffsschraube und die Seilwinde erhielten über Nebentriebe, die am Wechselgetriebe angeflanscht waren, ihren Antrieb. Über die Gelenkwelle der Schiffsschraube wurden zwei Lenzpumpen mit einer Förderleistung von jeweils 300 l/min mit Hilfe eines permanenten Kettenantriebes bedient. Die sechs, im Fahrwerk verbauten, Räder stammten vom mittleren LKW ZIS-151, die pneumatische Bremse wirkte auf alle Räder, die mechanische Feststellbremse nur auf die Hinterräder. Mit dem Kraftstoffvorrat waren Landfahrten bis 690 km oder 70 km auf stehendem Gewässern möglich. Schiffsschraube und Räder konnten gleichzeitig angetrieben werden, was das Überwinden von Wasserhindernissen, vor allem von flachen Gewässern, erheblich vereinfachte. Als Energiequellen fanden eine vom Motor angetriebene Lichtmaschine und zwei zusammengeschaltete 6 V Batterien Verwendung, womit u.a. der Motor gestartet werden konnte. Die elektrische Anlage verteilte die 12 V über ein Kabel, den +Pol bildete das Fahrzeug. Die am Heck integrierte Anhängerkupplung erlaubte den Einsatz als Zugmittel. Der BAW erreichte eine Höchstgeschwindigkeit auf Straßen von 60 km/h und auf dem Wasser von 10 km/h. Die Nutzlast an Land und auf dem Wasser durfte 2.500 kg nicht übersteigen. Hindernisse bis zu einer Höhe von 500 mm und 750 mm breite Gräben konnten mühelos überschritten werden. Zur Ausrüstung des Schwimmwagens gehörte eine Reifendruck-Regelanlage, die die Anpassung des Reifendruckes an den Untergrund ermöglichte.

Der Schwimmwagen BAW konnte 28 Soldaten mit Ausrüstung, einzelne Artilleriewaffen wie 85-mm Kanonen oder 122-mm Haubitzen mit Bedienung übersetzen. Ebenfalls war der Transport von leichten LKW der Typen GRANIT-27, GRANAT 30-K oder GAZ-63 möglich. Für die Sicherstellung der Unterwasserfahrt mit Panzern konnte der Schwimmwagen mit Hilfe des Flussprofilechograf FP-10 zur Vermessung der Unterwassertrasse und als Sicherstellungsfahrzeug für eine Pioniertauchergruppe genutzt werden.

Von 1956 bis 1964 erhielt die NVA 47 Schwimmwagen BAW, 1966 befanden sich noch 23 im Bestand der Pioniertruppen. 1968 wurden die letzten 12 BAW an die Volkswirtschaft übergeben, die u.a. bei mehreren Feuerwehren zum Einsatz kamen.

Der mittlere Schwimmwagen BAW vor dem Armeemuseum der DDR in Potsdam 1985.

Mittlerer Schwimmwagen BAW	
Einführungszeitraum	ab 1956
Gefechtsmasse (t)	7150
Abmessung L/B/H (mm)	9540 x 2485 x 2660
Spurweite (mm)	1620
Basisfahrzeug	ZIL-151, ZIL-157
Transportkapazität (t)	2,5
Watfähigkeit (m)	schwimmfähig
Fahrbereich Str./Gel.(km)	530 / -
Höchstgeschwindigkeit (km/h)	70
Bodenfreiheit (mm)	280
Bezeichnung Motor	SIS-123
Typ Motor	4-Takt-Otto / R6
Leistung (PS/kW)	110 / 79
Hubraum (l)	5,55
Radformel	6 x 6
Kraftstoffvorrat gesamt (l)	240
Kühlung	Wasser
Federung	Blattfederung

Leichter Schwimmwagen P-2S und *Kleiner Schwimmwagen MAW*

(МАВ – Малый Автомобиль Водоплавающий = MAW – kleines Auto das schwimmt)

Im Zuge der Entwicklung des geländegängigen PKW P-2M entstand im, der NVA unterstellten, *Kfz-Entwicklungswerk Hohenstein-Ernstthal* der **leichte Schwimmwagen P-2S**. Die ersten Baumuster waren im Dezember 1953 fertig, Mitte 1955 wurden die Arbeiten an weiteren Versuchsmustern beendet. Am 18. Dezember 1955 teilte das Kfz-Entwicklungswerk dem MfNV mit, dass elf P-2S im *Fahrzeugwerk Karl-Marx-Stadt* gebaut wurden.

Beim Bau des P-2S wurden wesentliche Teile des PKW P-2M verwendet. Als Antrieb diente der P-2M bekannte 6-Zylinder-Reihenmotor mit 2,4 l Hubraum mit modifizierter Kühlung. Das nicht synchronisierte 4-Gang-Wechsel- und das Verteilergetriebe waren vom Aufbau her mit denen des P-2M identisch. Das Wechselgetriebe musste aufgrund des erforderlichen Schrauben- und Lenzpumpenantriebes verändert werden. Auf dem Getriebeblock war zusätzlich ein Luftkompressor aufgebaut, der den vorgeschriebenen Luftdruck in den Reifen ändern konnte. Das vom Getriebe abgegebene Drehmoment wurde über Gelenkwellen zu den Achsen übertragen. Dabei fanden die beim PKW P-2M eingesetzten Radvorgelege Verwendung, die eine Bodenfreiheit von 300 mm ermöglichten. Die einzeln aufgehängten Räder waren drehstabgefedert. Der Antrieb im Wasser erfolgte über eine dreiflügelige Bootsschraube. Um das Ein- und Ausfahren aus dem Wasserhindernis zu erleichtern, ließ sich der Radantrieb unabhängig von der Schraube zuschalten. Das Lenken des Fahrzeuges im Wasser erfolgte mittels der Vorderräder. Der fast 2 t wiegende Schwimmwagen P-2S verfügte über eine umfangreiche Spezialausrüstung, die sich aus Bootshaken, Schlepphaken, Anschlaghaken und Paddeln zusammensetzte. Das Reserverad befand sich im Kofferraum. Obwohl der P-2S für den Transport einer vierköpfigen Besatzung mit Gepäck vorgesehen war, stellte die Mitnahme eines fünften Besatzungsmitgliedes kein Risiko dar. Nachteilig wirkte sich die schmale Bereifung und der daraus resultierende hohe spezifische Bodendruck von 2,7 kg/cm^2 aus. Bei maximaler Zuladung von 400 kg war es unter Umständen nicht möglich, bei sumpfigem Ufer, an das Wasserhindernis heran zu kommen.

Die äußerst spärlichen und sehr widersprüchlichen Quellen lassen den Schluss zu, dass nur 17 Leichte Schwimmwagen P-2S hergestellt wurden. Wesentliche Gründe waren die aufwändige Herstellung, der hohe Anteil an handwerklicher Arbeit in der Montage und der hohe Preis von 72.000 Mark pro Fahrzeug. Das Nutzungsende lässt sich anhand alter Bestandsbücher auf den Jahreswechsel 1962/63 datieren. Die Herstellung von Verschleißteilen war wegen der geringen Stückzahl äußerst unwirtschaftlich. Somit waren die Fahrzeuge wegen unzureichender Ersatzteilsicherstellung nicht mehr zu halten.

Da die Entwicklung und Produktion des Leichten Schwimmwagen P-2S nicht den erwünschten Erfolg brachten, beantragte der Kfz-Dienst der NVA 1960 die Aufnahme des **Kleinen Schwimmwagen MAW**, in der Sowjetunion unter der Bezeichnung GAZ-46 geführt, in das *Verzeichnis für Bewaffnung und Ausrüstung*. Sein Einsatz war anstelle des P-2S in Aufklärungs- und Pioniereinheiten geplant, z.B. 1961 als Übersetzmittel im Eisenbahn-Pionierregiment der NVA.

Die Konstruktion des Kleinen Schwimmwagen MAW basierte auf dem amerikanischen Schwimmwagen Ford GPA, den die Rote Armee während des 2. Weltkrieges im Rahmen des Lend-Lease-Vertrages von den USA erhielten. Bereits 1948 wurde das *Wissenschaftliche Automobil- und Automotoren-Forschungsinstitut NAMI* (*научный автомоторный институт – НАМИ*) mit der Entwicklung eines gleichgearteten, leichten Amphibienfahrzeuges, das eine sechsköpfige Besatzung oder 500 kg Fracht auf dem Land und im Wasser transportieren konnte, beauftragt. Als Basis fand der PKW GAZ-67B Verwendung. Das Aufgabenspektrum sollte um das Abschleppen bzw. Bergen von leichten Wasserfahrzeugen, das Bugsieren von Pontons sowie die technische Hilfeleistung auf dem Wasser erweitert werden. Bereits im Herbst 1949 konnten zwei, als NAMI-011 bezeichnete, Prototypen die ersten Tests absolvieren. Im Gegensatz zum Ford GPA verfügte der NAMI-011 über eine schlankere, doppelwandige Fahrzeugwanne, eine vierblättrige Schiffsschraube, das verbesserte Kühlsystem vom leichten LKW GAZ-51, über den Motor und die Federung des Panzerspähwagens BA-64B sowie über Geländebereifung mit einer Größe von 7,50-20. Dabei zeigte sich, dass für die Schaffung eines kleinen Amphibienfahrzeuges der PKW GAZ-67B als Basis nicht ausreichte. Im Frühjahr 1951 wurden die technischen Unterlagen des NAMI-011 an das *Gorkier Automobilwerk – GAZ (Горьковский автомобильный завод – ГАЗ)* übergeben, das bis 1953 den kleinen Schwimmwagen unter der Bezeichnung GAZ-46 auf Basis des PKW GAZ-69 zur Serienreife brachte. Das GAZ produzierte ca. 650 Kleine Schwimmwagen GAZ-46, was allerdings die Auslieferung des PKW GAZ-69 ernsthaft behinderte. Mit Verlagerung der Produktion des PKW GAZ-69 nach Uljanowsk 1958 erfolgte, aufgrund fehlender Nachfrage und mangelnder Produktionskapazitäten, die Einstellung der Fertigung des GAZ-46.

Der allradgetriebene Kleine Schwimmwagen MAW nutzte als Antrieb den Motor des PKW M-20 POBEDA, Fahrwerk und Kraftübertragung waren im Wesentlichen mit denen des GAZ-69 identisch. Der Schwimmwagen wies zusätzlich einen Nebenabtrieb für die Schiffsschraube und die Lenzanlage auf. Bei einem Kraftstoffverbrauch von 15 bis 22 l VK und Geschwindigkeiten von 70 km/h hatte der MAW eine Reichweite von 500 km. Das entsprach einem ununterbrochenen Schwimmbetrieb von 5 bis 6 h.

Aufgrund der 1958 erfolgten Produktionseinstellung und der damit ausbleibenden Lieferung von Kleinen Schwimmwagen MAW, erfolgte 1967 die Streichung im VdBA der NVA, in den bisher aufgefundenen Bestandslisten konnte er nicht nachgewiesen werden.

Der Leichte Schwimmwagen P-2S.

Leichter Schwimmwagen P-2S und Kleiner Schwimmwagen MAW		
	P-2S	MAW
Einführungszeitraum	ab 1956	geplant
Besatzung	4	5
Gefechtsmasse (t)	1,969	1,85
Abmessung L/B/H (mm)	5100 x 1835 x 1860	5070 x 1750 x 1500
Radstand v (mm)	2215	2300
Radstand h (mm)	2285	2300
Spurweite v (mm)	1415	1450
Spurweite h (mm)	1420	1450
Bodenfreiheit (mm)	300	280
Basisfahrzeug	P-2M	GAZ-69
Transportkapazität (t)	0,4	0,5
Fahrbereich Str. (km)	500	500
Höchstgeschwindigkeit Straße (km/h)	95	90
Höchstgeschwindigkeit Wasser (km/h)	9	10
Bezeichnung Motor	QM6	M-20
Typ Motor	4-Takt-Otto / R4	4-Takt-Otto
Leistung (PS/kW)	65 / 46,7	55 / 39,5
Hubraum (l)	2,407	2,12
Radformel	4 x 4	4 x 4
Kraftstoffvorrat gesamt (l)	100	90
Kühlung	Wasser	Wasser

Der sowjetische Kleine Schwimmwagen MAW als Ausstellungsstück 2012 im Schweizerischen Militärmuseum Full-Reuenthal.

Universalradschlepper URS

Anfang der 1960er Jahre ging das Bestreben dahin, die vorhandenen Pioniergeräte für Erdarbeiten auf Kettenfahrgestell gegen Pioniergeräte auf Räderfahrgestell mit Niederdruckreifen zu ersetzen. Der Vorteil der Rädertechnik war eine bedeutend höhere Geschwindigkeit bei verringerter Reparaturanfälligkeit. Durch breite Niederdruckreifen wurden der Bodendruck sowie das Eigengewicht bei maximaler Arbeitsleistung und Zugkraft verringert. Durch die Wirtschaftlichkeit der Räderfahrzeuge konnten größere Reichweiten erreicht werden und die im modernen Gefecht geforderten Marschgeschwindigkeiten gehalten werden.
Das in der DDR, in Hohenstein/Ernstthal, entwickelte Funktionsmuster eines Universalschlepper war mit einer Ladeschaufel ausgerüstet, die sowohl als Planiereinrichtung als auch als Baggerschaufel eingesetzt werden konnte. Das Fahrzeug verfügte über ein 3-Gang-Getriebe mit Arbeits-, Kriech- und Wendegetriebe, das gleiche Geschwindigkeiten beim Vorwärts- und Rückwärtsfahren erlaubte.

Universalradschlepper URS	
Einführungszeitraum	ab 1959
Gefechtsmasse (t)	13.450
Abmessung L/B/H (mm)	6352 x 2500 x 3080
Radstand (mm)	2650
Fassungsvermögen der Ladeschaufel (m^3)	2,5
Höchstgeschwindigkeit (km/h)	41
Typ Motor	4-Takt-Diesel
Leistung (PS/kW)	135/
Kühlung	Luft

Der Universalradschlepper URS mit dem Arbeitsgerät in Planier- (linkes Bild) und in Baggerstellung.

Der höchste Punkt bei abgesenkter Schürfmulde lag bei 5350 mm.

Erdbearbeitungsmaschine PZM

(Полковая землеройная машина ПЗМ = Regiments-Erdbearbeitungsmaschine PZM)

Letztendlich sollte noch ein Fahrzeug erwähnt werden, das vom Bedarfsträger Pionierwesen in den 1970er Jahren bestellt, aber nicht eingeführt wurde.

Die 1968 in die Sowjetarmee eingeführte Erdbearbeitungsmaschine PZM sollte ab 1971 in den Pionierkompanien der MSD/PD zum Ausheben von Gruben und Gräben eingesetzt werden. Sie sollte die Vielzahl der Rad- und Autobagger sowie die Mobilbagger und Grabenpflüge mit Zugmittel sukzessiv ablösen. Gleichzeitig konnte mit dieser Maschine die noch vorhandene Lücke in der Stellungsbautechnik geschlossen werden. Geplant war der Import von 100 Fahrzeugen. Es sollte z.B. jede Pionierkompanie in den MSR/PR zwei PZM erhalten.

Basis bildete der sowjetische Radschlepper T-155, der im *Charkower Traktorenwerk – ChTZ (Харьковский тракторный завод – ХТЗ)* gefertigt wurde. Mit dem aus einem Fräsbalken (eine Art Förderband) und einem Schleuderwerk ausgerüsteten Arbeitsorgan konnten Gräben von 1,1 m Tiefe bei einer oberen/unteren Breite von 900/ 650 mm ausgehoben werden. Dabei wurde das Erdreich durch den Fräsbalken in das dahinter angeordnete Schleuderwerk befördert, wo es nach links oder rechts ausgeworfen wurde. Je nach Bodenqualität lag die Arbeitsgeschwindigkeit zwischen 35 bis 200 m/h. In drei Durchgängen konnte eine Grube von (L x B x H) 6000 x 3200 x 3200 mm ausgehoben werden. Dazu wurde das Arbeitsorgan nach rechts und links geschwenkt, während das Fahrzeug geradeaus fuhr. Zur weiteren Ausrüstung gehörte eine Seilwinde mit einer Zugkraft von 5000 kp und ein Planierschild. Das für zwei Mann ausgelegte Fahrerhaus war hermetisierbar, sodass Arbeiten in radioaktiv verstrahltem Gelände möglich waren.

Erdbearbeitungsmaschine PZM	
Geplante Einführung	ab 1971
Gefechtsmasse (t)	12.800
Bedienung	2
Abmessung L/B/H (mm)	6100 x 2500 x 3640
Radstand (mm)	2860
Spurweite (mm)	1860
Höchstgeschwindigkeit (km/h)	45
Fahrbereich Str./Gel.(km)	500 / -
Bezeichnung Motor	SMD-62
Typ Motor	4-Takt-Diesel
Leistung (PS/kW)	165 / 121
Hubraum (l)	9,16
Radformel	4 x 4
Kraftstoffvorrat gesamt (l)	240
Kühlung	Wasser
Federung	Blattfederung

Die Erdbearbeitungsmaschine PZM, das Arbeitsgerät befand sich in Marschlage, oben der Fräsbalken und darunter das Schleuderwerk. In Arbeitsstellung wurde das Arbeitsorgan hydraulisch nach hinten geklappt. Zusätzlich befand sich am Bug eine Planiereinrichtung.

Spezialtechnik des Militärtransportwesens

Motorschrapper D-357G

Zum schichtweisen Abtragen, zum Transportieren und Aufschütten von Erdreich wurden in der NVA, vor allem im Militärtransportwesen, Motorschrapper verwendet. Dabei handelte es sich um zweiachsige Anhängegeräte, die entweder hydraulisch oder mechanisch gesteuert wurden. So kam der Schrapper D-183 mit LKW-Zugmittel (z.B. W-50 L/A oder S 4000-1) und die Schrapper D-222A und D-374 mit Kettentraktor S-100 zum Einsatz.

Weiterhin wurde der Motorschrapper D-357G eingesetzt, der sich aus dem Schürfkübelwagen D-357G und dem einachsigen Schlepper MAZ-529B zusammensetzte. Der Schürfkübelhals war mit dem Zugmittel durch eine Sattel-Kupplung verbunden, die ein ungehindertes Drehen des Zugmittels gegenüber dem Schrapper von 90° ermöglichte. Die Steuerung des Schrappers erfolgte hydraulisch. Der Motorschrapper D-357G eignete sich zum oberflächlichen Abschürfen, zum Fördern und zum Abschütten von losen Böden. Er kam auch zum Transport von Schüttgütern im Straßen- und Streckenbau zum Einsatz. Die größte Wirtschaftlichkeit erreichte der Motorschrapper, wenn die Entfernung zwischen Auflade- und Abladestelle 300 bis 5000 m betrug. Für 3 bis 8 Motorschrapper wurde ein Schubmittel zur schnelleren Beladung bereitgestellt. Als Schubmittel eigneten sich Kettentraktoren von 80 bis 120 PS bzw. Radtraktoren und Schlepper mit maximal 300 PS.

Die ersten Motorschrapper kamen 1963 in die NVA. Sie wurden von einem 6-Zylinder Zweitakt-Dieselmotor mit Direkteinspritzung, der 180 PS leistete, angetrieben. Die Schürfbreite lag bei 2720 mm, die größte Schneidtiefe betrug 300 mm, die größte Schütthöhe 500 mm.

Motorschrapper D-357G	
Einführungszeitraum	ab 1963
Gefechtsmasse Lastzug (t)	34,15
Gefechtsmasse Zugmittel (t)	9,05
Abmessung Zugmittel L/B/H (mm)	4200 x 2950 x 2925
Abmessung Lastzug L/B/H (mm)	10.420 x 3245 x 3300
Basisfahrzeug	MAZ-529B
Spurweite (mm)	2300
Radabstand (mm)	6150
Bodenfreiheit (mm)	540
Watfähigkeit (m)	1
Höchstgeschwindigkeit (km/h)	40
Steigfähigkeit (%)	10
Fahrbereich (km)	250
Inhalt des Schrappers (m^3)	9 bis 11
Bezeichnung Motor	GAZ M-206-1
Typ Motor	2-Takt-Diesel / 6 Zylinder
Leistung (PS/kW)	180 / -
Kraftstoffvorrat gesamt (l)	300
Kühlung	Wasser

Beim Motorschrapper D-357G fand der einachsige Schlepper MAZ-529B mit senkrechtem Kühlergrill Verwendung.

Motorschrapper D-357P

Ab 1977 wurde der einachsige Schlepper MoAZ-546P mit einem 8-Zylinder-Viertakt-Dieselmotor als Zugmittel für den Motorschrapper D-357P eingesetzt. Die Konstruktion des Motorschrappers und die taktisch-technischen Daten entsprachen denen des Motorschrappers D-357G.

Der Motorschrapper D-357P nutzte den einachsigen Schlepper MoAZ-546P, zu erkennen am waagerechten Kühlergrill, als Zugmittel.

Die Bundeswehr übernahm 111 Motorschrapper D-357P, von denen 10 Einheiten eingesetzt, 78 als Mob-Reserve eingelagert und 23 in zentralen Lagern abgestellt waren.

Motorschrapper D-357P	
Einführungszeitraum	ab 1977
Gefechtsmasse Lastzug (t)	34,15
Gefechtsmasse Zugmittel (t)	9,05
Abmessung Zugmittel L/B/H (mm)	4200 x 2950 x 2925
Abmessung Lastzug L/B/H (mm)	10.300 x 3242 x 3300
Basisfahrzeug	MoAZ-546P
Spurweite (mm)	2300
Radabstand (mm)	6150
Bodenfreiheit (mm)	540
Watfähigkeit (m)	1
Höchstgeschwindigkeit (km/h)	40
Steigfähigkeit (%)	10
Fahrbereich (km)	250
Inhalt des Schrappers (m^3)	9 bis 11
Bezeichnung Motor	JaMZ 288A
Typ Motor	4-Takt-Diesel / V8
Leistung (PS/kW)	215 / 158
Hubraum (l)	6,97
Kraftstoffvorrat gesamt (l)	300
Kühlung	Wasser

Spezialtechnik des Militärbauwesens

Universalbagger-1212

Ab 1960 erhielten die Baupioniertruppenteile und -einheiten der NVA für die Lösung vielseitiger Erdbewegungsarbeiten verschiedene Seil-Universalbagger.
Der erste **Universalbagger UB-120 auf Raupenfahrwerk** kam in der Pionier- und Baueinheit-14 der LSK/LV für Stellungsarbeiten sowie für Verlade- und Entladearbeiten von Schüttgut zum Einsatz. Es folgten der **Universalbagger-60** (ab 1966), der **Universalbagger-80** (ab 1966), der **Universalbagger-1212** (ab 1974) und der **Universalbagger-1252** (ab 1979), die in den Baupionier- und in den Einheiten des Spezialbauwesens eingesetzt wurden.
Der Universalbagger-1212 wurde im *VEB Schwermaschinenbau NOBAS Nordhausen* gefertigt. Die Planung sah den Einsatz von 53 UB-1212 vor, die bis 1985 zugeführt werden sollten. Im Mobilisierungsfall sollten aus der Volkswirtschaft weitere 64 Universalbagger-1212 für die Einheiten der NVA rekrutiert werden.
Der UB-1212 war ein selbstfahrendes Kettenfahrzeug. Er wurde von einem luftgekühlten 6-Zylinder-Viertakt-Dieselmotor der Baureihe VD 14,5/12 SRL angetrieben. Fahr-, Dreh- und Windwerk wurden pneumatisch gesteuert. Aufgrund der auswechselbaren Arbeitswerkzeuge, ein Hoch- oder ein Tieflöffel (Fassungsvermögen der Löffel je 1,0 m³), eine Zugschaufel oder ein Greifer, waren verschiedensten Baggerarbeiten, wie Ausheben von Gruben und Gräben, Schürfen und Verladen von Baustoffen u.ä. möglich.
Die wichtigsten Bestandteile des Baggers waren der Unter- und der Oberwagen, die Kraftübertragung, die pneumatische und die elektrische Anlage sowie die Arbeitswerkzeuge.
Der Unterwagen verfügte über zwei Fahrwerke, die aus jeweils zwei Pendelrollenwagen, der Gleiskette, einem Antriebs- und einem Umlenkturas (Antriebs- und Leitrad) bestanden und eine gute Anpassung an unebenes Gelände ermöglichten. Die Steuerung des Unterwagens erfolgte mit Hilfe eines Vierwegehahnes, mit dem die Zufuhr der Druckluft zu den Fahrkupplungen und -bremsen reguliert wurde. Somit war es möglich, die linke und die rechte Gleiskette einzeln oder gemeinsam

Der Universalbagger-1212 mit Greiferausrüstung (linkes Bild) und beim Parktag.

anzutreiben oder abzubremsen. Das Drehmoment des Motors wurde von der mit Druckluft gesteuerten Kupplung mittels Keilriemen auf die Vorgelegewelle und weiter auf das Wendegetriebe übertragen. Vom Wendegetriebe aus wurde es auf das Dreh- und Fahrwerk sowie das Auslegerwindwerk weitergeleitet. Vom Fahrwerk aus erfolgte die Kraftübertragung zum Antriebsturas. Vom Wendegetriebe aus erfolgte die Kraftübertragung auf das Windwerk, deren Welle die beiden Windentrommeln und die Hilfswinde und somit die Arbeitswerkzeuge antrieben. Mit der pneumatischen Anlage wurden die Löffel-, Greifer- und Zugschaufelausrüstung des Baggers gesteuert. Der vom Motor mittels Keilriemen angetriebene Luftkompressor erzeugte dazu Druckluft von 6 at, die mittels Rohrleitungen und verschiedener Ventile zu den Arbeitswerkzeugen geleitet wurde.

Der UB-1212 erzielte aufgrund seiner Ausrüstung große Reichweiten beim Straßen- oder Eisenbahnbau. Außerdem waren Arbeiten an Flussbetten aus sicherer Entfernung und große Grabtiefen möglich. Der Motor mit einer Leistung von 124 PS verlieh dem Bagger eine Fahrgeschwindigkeit von 1,84 bis 2,35 km/h. Die Ausmaße des Unterwagens (L x B) betrugen 3000 x 3660 mm, die Höhe bis Oberkante Fahrerkabine erreichte 3613 mm bei einer Gesamtmasse von 25.500 kg. Die Bodenfreiheit lag bei 290 mm, die Kettenbreite betrug 650 mm, der Achsabstand 2860 mm. Mit dem Tieflöffel konnte eine maximale Grabtiefe von 7200 mm und eine Reichweite von 10.820 mm, mit dem Hochlöffel eine Ausschütthöhe von 2700 mm bei einer Reichweite von 9140 mm erreicht werden. Durch den Einsatz der verschiedenen Arbeitswerkzeuge erhöhte sich die Masse des Universalbaggers um 3600 bis 5300 kg.

Aufgrund der geringen Fahrgeschwindigkeit musste für den Transport des UB-1212 ein Tieflader mit entsprechendem Zugmittel bereitgestellt werden.

Universalbagger-1232 und Universalbagger-1233

1961 erhielt die Pionier- und Baueinheit-14 der LSK/LV die ersten zwei ***Universal-Hydraulik-Bagger UB-20 auf Raupenfahrgestell*** für die mechanisierte Erdbewegung bei der Ausführung von Bauarbeiten im Stellungsbau. Es folgten die hydraulischen Bagger der Baureihen **Universalbagger-631** (ab 1971), **Universalbagger-1231** (ab 1971), **Universalbagger-1232** (ab 1979), **Universalbagger-632** (ab 1983) und **Universalbagger 1233** (ab 1985), die in den Baupioniertruppenteilen und -einheiten der NVA für die Lösung vielseitiger Erdbewegungsarbeiten zum Einsatz kamen.

Der Universalbagger-1232 war mit seinen verschiedenen Ausrüstungen für den Einsatz in mittleren und schweren Bodenklassen vorgesehen. Zu seiner Ausstattung zählten ein Tieflöffel, ein Grabgreifer, eine Ladeschaufel, ein Rundschachtgreifer, ein Grabenräumer, ein Felslöffel sowie eine Reiß- und Rodeausrüstung.

Die beiden Fahrwerke des Unterwagens, die mit unterschiedlich breiten Gleisketten ausgerüstet werden konnten, wurden einzeln von je einem Axialkolben-Hydromotor angetrieben. Der gegenläufige Antrieb der Hydromotoren ermöglichte es, auf engstem Raum zu manövrieren und auf der Stelle zu wenden. Die Bewegung des Oberwagens erfolgte mit Hilfe eines dritten Axialkolben-Hydromotors mit nachgeschaltetem Getriebe. Auf der Oberwagen-Grundplatte waren der Antriebsmotor und das Pumpenaggregat elastisch aufgehängt. Die Bewegung der Arbeitsorgane wurde über zwei Kreuzschalthebel koordiniert. Eine hydraulische Servoanlage steuerte alle Wegeventile vor, was bei sehr geringem Kraftaufwand eine feinfühlige und ruckfreie Bedienung des Baggers ermöglichte. Die Hydraulikanlage bestand im Wesentlichen aus zwei Axialkolbenpumpen mit Summenleistungsregelung und Summenschaltung. Der Arbeitsdruck betrug 31,5 MPa, die Fördermenge maximal 2 x 205 l/min. Der mit 425 l Hydrauliköl befüllte Ölbehälter wurde durch Druckluft vorgespannt, was extrem kurze Reaktionszeiten garantierte. Die Ausmaße (L x B x H) des Grundgerätes ohne Arbeitsorgan betrugen 5658 x 3000 x 2875 mm bei einer Masse von 23.100 kg. Die Bodenfreiheit lag bei 465 mm, die Standard-Kettenbreite betrug 700 mm, der Achsabstand 2230 mm. Als Antriebsmotor fand

der 6-Zylinder-Viertakt-Dieselmotor 6VD 14,5/12-1 SRW mit Direkteinspritzung Verwendung. Der wassergekühlte, 114 kW leistende, Motor ermöglichte eine Fahrgeschwindigkeit von 2, 94 km/h. Durch die Komplettierung mit einem Arbeitswerkzeug erhöhte sich die Gesamtmasse des Baggers um 5300 kg bis 6200 kg.
Der ab 1985 als Weiterentwicklung des Universalbaggers-1232 zugeführte Universalbagger-1233 wurde mit Löffel-, Greifer- und Lageschaufelausrüstung bei mittleren und schweren Böden eingesetzt. Sein Einsatz erfolgte in den Bautruppenteilen und -einheiten beim Baugrubenaushub, beim Verfüllen von Gräben, beim Hinterfüllen von Bauwerken sowie zum Beladen von Transportmitteln. Die Ausmaße (L x B x H) des Grundgerätes ohne Arbeitswerkzeug betrugen 4035 x 3000 x 3150 mm bei einer Masse von 23.800 kg. Als Antriebsmotor fand der 6-Zylinder-Viertakt-Dieselmotor 6VD 14,5/12-2 SRW mit Direkteinspritzung Verwendung. Nach Anbau eines Arbeitswerkzeuges stieg die Masse des Baggers um 2300 kg bis 6200 kg an.
Für die NVA waren vier Universalbagger-1233 vorgesehen, die im Zeitraum 1986 bis 1989 geliefert werden sollten.

Der Universalbagger 1233 mit Tieflöffelausrüstung.

Traktorbagger EO-2621 und EO-2621A

Dem Traktorbagger EO-2621 diente als Basis ein luftbereifter Traktor der Typenreihe MTZ-82 oder JuMZ-6. Der Traktor JuMZ-6 wurde in der *Südlichen Maschinenfabrik Dnepropetrowsk, Ukraine (ЮМЗ – Южный Машиностроительный Завод Днепропетровск)* entwickelt und produziert. Als Vorlage diente der in Minsk produzierte Traktor MTZ-5. Der Traktorbagger EO-2621 nutzte als Basis den Traktor JuMZ-6M mit Anlassmotor, der EO-2621A den Traktor JuMZ-6L ohne Anlassmotor. Die taktisch technischen Daten bei der Versionen waren gleich. Die Hauptinstandsetzung der Traktorbagger erfolgte im *VEB Landtechnisches Instandsetzungswerk Pritzwalk*.
Die Zusatzausrüstung des Traktorbaggers setzte sich aus dem Planierschild, dem Bagger und der Hydraulikanlage zusammen. Der Entlastung des Traktors und der Aufnahme der Arbeitsgeräte diente ein zusätzlich montierter Bindungsrahmen. Auf dem Bindungsrahmen war am Heck der Drehständer mit Kettendrehwerk montiert, der den Bagger um 165° nach rechts und links bewegte. Die Baggerausrüstung bestand aus dem Ausleger, dem Löffelstiel mit Hoch- oder Tieflöffel sowie drei hydraulischen Arbeitszylindern. Zur Erhöhung der Verschleißfestigkeit wurden die Löffelzähne mit Hartmetallplatten versehen. Hydraulische Stützausleger gewährleisteten die Standsicherheit des Traktorbaggers während der Arbeit. Das Planierschild wurde hydraulisch in der Höhe verstellt, über dem Planierschild befand sich der Kraftstoffbehälter. Beide dienten als Gewichtsausgleich zur Baggerausrüstung.
Die Hydraulikanlage verfügte über zwei Kreisläufe mit einem gemeinsamen Hydrauliköl-Behälter: ein Kreislauf bediente die beiden Stützausleger und das Planierschild, der zweite Kreislauf gewährleistete die Bewegungen des

Baggers. Der Traktorbagger war mit einer Kabine ausgerüstet, in der sich ein drehbarer Sitz befand. Der Maschinist konnte den Sitz, je nach Arbeit, in die erforderliche Stellung bringen. Die Heizung und Belüftung der Kabine wurde über die Motorlüftung geregelt. Die Elektroanlage gewährleistete die Stromversorgung der Beleuchtungselemente und der Signalgeräte.
Die Ausmaße des Traktorbaggers EO-2621 auf Basisfahrzeug JuMZ-6M (L x B x H) betrugen 7700 x 2400 x 2780 mm bei einer Masse von 6300 kg. Das Tieflöffelvolumen betrug 0,25 m^3, die Löffelbreite lag bei 760 mm. Der Bagger erreichte eine Reichweite von 5000 mm, eine Ausschütthöhe von 2200 mm, eine Grabentiefe von 3000 mm und eine Ausschüttweite von 2800 mm. In einer Stunde konnten bis zu 36 m^3 Erdreich bewegt werden. Das Hochlöffelvolumen betrug 0,5 m^3, womit der Bagger eine Reichweite von 4700 mm, eine Ausschütthöhe von 3400 mm und eine Ausschüttweite von 2700 mm erreichte. In einer Stunde konnten bis zu 42 m^3 Erdreich befördert werden.
In der Nachweisführung der NVA lassen sich keine Bestandszahlen zum Traktorbagger EO-2621 finden. Anhand von Bildmaterial ließ sich der Einsatz des Traktorbaggers im *Nachrichten-Instandsetzungs-Regiment-7202* belegen.

Der Traktorbagger EO-2621 auf Basis des Traktors JuMZ-6M in Marsch- (oberes Bild) und in Arbeitslage. Mitunter wurden die Arbeitsgeräte nicht sofort mit Tarnanstrich versehen, sodass die Originalfarbgebung weiter genutzt wurde, hier zu erkennen am weißen Fahrerhaus.

RARITÄTEN

Hier sollen einige Spezialfahrzeuge, die hauptsächlich bei den Pioniertruppen, den LSK/LV und im Militärbauwesen Verwendung fanden, gezeigt werden.

Frontschaufellader L-2A (kleines Bild) und Schwenklader T-174.

Universalbagger-631 und Traktorbagger KSH-45 auf Basis des tschechoslowakischen Traktors ZETOR-3011.

Der Geräteträger RS-09 mit Schienenfahrvorrichtung-50 und mit Spezial-Anbaugerät.

Straßengummiradwalze-16 und Straßenvibrationstandemwalze-30.

Kehrblasgerät-33 und Kehrblasgerät OL-4500 (Bild unten).

Eine letzte Frage

Bleibt eine letzte Frage: »Wie sahen die Planungen der Ausrüstung der NVA mit gepanzerter Rad- und Spezialtechnik für die nächsten fünf bis zehn Jahre aus?« Dazu einige Gedanken:
Bereits ab 1988 sollte der modernisierte SPW-70W mit verändertem Turm aus der SR Rumänien eingeführt werden. Da die Lizenzproduktion letztendlich erst 1990 beginnen sollte, waren für den Zeitraum 1991 bis 1995 300 SPW-70W, davon 18 SPW-70W (S) geplant worden. Ab Mitte der 1990er Jahre sollte der, ebenfalls in Rumänien in Lizenz produzierte, SPW-80 folgen. Alle im Bestand befindlichen SPW-152W1, SPW-40P, SPW-60PA-1 und Startfahrzeuge 9P110, sie wurden länger als 20 Jahre genutzt, besaßen nur noch geringen Kampfwert und konnten mit Ersatzteilen nicht mehr versorgt werden. Sie sollten, wie auch die SPW PSH der Grenztruppen der DDR, bis 1995 ausgesondert werden. Für den Kettentraktor T-100 und die Planierraupe BAT, für den Grabenbagger BTM und die Universalpioniermaschine DOK-M waren Ende der 1980er Jahre die Ersatzteilversorgungsverpflichtungen abgelaufen.
Bereits in der Ausrüstung befindliche Pioniergeräte sollten im Zeitraum 1991 bis 1995 weiterhin beschafft werden: 18 Kettentraktoren T-130, 30 Grabenbagger TMK-2 oder 75 Radlader SL-34.

Für den gleichen Zeitraum war die Neuzuführung von 20 **Straßenbaumaschinen PKT-2** und 17 **Universalpioniermaschinen PZM-2** vorgesehen.

Die Straßenbaumaschine PKT-2 auf Radbasis für die Pioniertruppen und Straßenbaueinheiten.

WEITERE INTERESSANTE BÜCHER ZUM THEMA

Jörg Siegert stellt in diesem Band die Rad- und Kettenfahrzeuge vor, mit denen die NVA bis zur Integration in die Bundeswehr ausgerüstet war. Detailliert vorgestellt werden etwa 50 verschiedene Grundfahrzeuge und ihre Versionen.
160 Seiten, 229 Abbildungen, Format 230 x 265 mm
ISBN 978-3-613-04331-2
€ 19,95 / € (A) 20,60

Michael Normann, der selbst in der NVA diente, stellt in diesem Band die Kampfflugzeuge der »anderen« deutschen Luftwaffe im Detail vor, darunter Muster wie die legendäre MiG-15, die langlebige MiG-21 oder die seinerzeit hochmoderne MiG-29.
176 Seiten, 180 Abbildungen, Format 230 x 265 mm
ISBN 978-3-613-04168-4
€ 24,90 / € (A) 25,90

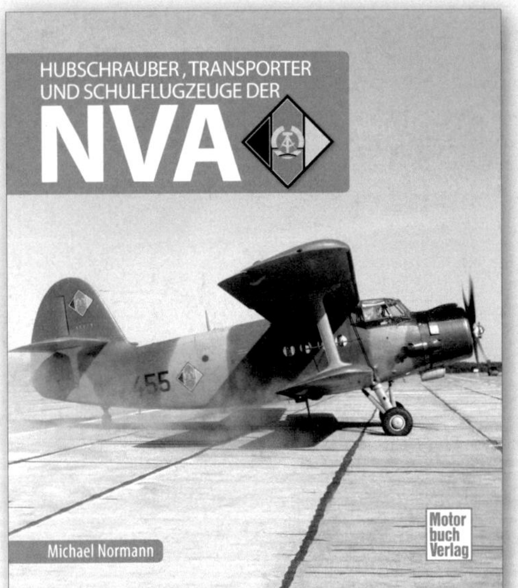

In diesem Band werden die Hubschrauber, Transporter und Schulflugzeuge der Nationalen Volksarmee im Detail dargestellt – von der legendären AN-2 bis zum Kampfhubschrauber Mi-24. Eine hervorragende Ergänzung zu »Kampfflugzeuge der NVA«.
192 Seiten, 180 Abbildungen, Format 230 x 265 mm
ISBN 978-3-613-04353-4
€ 24,90 / € (A) 25,90

Peter Kraus hat als Offizier die Entwicklung und Aufstellung des Fla-Ra-Komplexes S 200 »Wega« von Anfang an erlebt. In seinem Buch gibt er ein profundes und detailliertes Portrait dieser Waffe mit all ihren Besonderheiten wieder.
240 Seiten, 350 Abbildungen, Format 230 x 265 mm
ISBN 978-3-613-04212-4
€ 29,90 / € (A) 30,80

Leseproben zu allen Titeln auf unserer Internetseite

Stand August 2022
Änderungen in Preis und Lieferfähigkeit vorbehalten.

Überall, wo es Bücher gibt, oder unter
WWW.MOTORBUCH-VERSAND.DE
Service-Hotline: 0711 / 78 99 21 51

Motor buch Verlag

www.facebook.com/MotorbuchVerlag